数字视频及显示技术

主　编　杨坤明　朱树元
副主编　王忠荣　王维博　胡宏平

電子工業出版社·

Publishing House of Electronics Industry

北京·BEIJING

内 容 简 介

本书对数字视频及显示的基本原理、算法与关键技术进行了全面介绍。本书共9章，从数字视频的生成、表达，编码处理及视频显示等方面进行系统的阐述。本书特别对视频的数字化、编码（压缩）原理进行了详细的分析，并给出了图像和视频质量常用的主、客观评价方法；对主流视频编码标准H.264、H.265进行了分析与解读，并对音视频编解码工具FFmpeg的应用及开发平台的搭建进行了讲解。此外，本书对视频后端显示处理从原理到芯片的实现进行了基本的讲解，对视频输出接口及LCD屏显原理与技术进行了完整分析。

本书可作为电子信息、通信、电气、自动化、计算机等相关专业的高年级本科生和研究生教材，也可作为从事IPTV、数字电视系统（包括机顶盒）、高清晰视频显示系统等领域研发工作的科技人员的参考书。

本书配有大纲、教案、电子课件等教学资源，加QQ群749398090或发邮件至电子邮箱kunyue66@163.com获取。

未经许可，不得以任何方式复制或抄袭本书之部分或全部内容。

版权所有，侵权必究。

图书在版编目（CIP）数据

数字视频及显示技术 / 杨坤明，朱树元主编 .

北京：电子工业出版社，2025. 4. -- ISBN 978-7-121
-49925-8

Ⅰ . TN941.3

中国国家版本馆CIP数据核字第2025W4P487号

责任编辑：孟　宇

印　　刷：三河市良远印务有限公司

装　　订：三河市良远印务有限公司

出版发行：电子工业出版社

　　　　　北京市海淀区万寿路173信箱　　邮编：100036

开　　本：787×1 092　1/16　印张：11.5　　字数：264千字

版　　次：2025年4月第1版

印　　次：2025年4月第1次印刷

定　　价：59.80元

凡所购买电子工业出版社图书有缺损问题，请向购买书店调换。若书店售缺，请与本社发行部联系，联系及邮购电话：（010）88254888，88258888。

质量投诉请发邮件至zlts@phei.com.cn，盗版侵权举报请发邮件至dbqq@phei.com.cn。

本书咨询联系方式：mengyu@phei.com.cn。

序

从 20 世纪电视机的发明到如今短视频的流行，视频经历了从模拟到数字、从低分辨率到超高清的革命性发展，其内容越来越丰富，应用越来越广泛。在大众生活和工作中，视频已成为不可或缺的角色，是记录生活、传播信息的主要手段。无论是实现消费级的视频应用，还是对视频技术进行迭代更新，相关领域的从业人员都需要具备一定的技术基础与开发能力。对于专业教育而言，视频技术课程设置与教材建设是必不可少的。

当前，主流的视频都是数字化的，并且要经过编码压缩处理后才能进行下一步应用。因此，向相关专业的学生和相关领域的从业人员讲授视频的数字化生成、编码压缩流程与显示原理非常必要，本书恰能满足这一需求。

本书编写组成员包括多位长期从事数字视频技术教学和研究工作的高校教师，他们拥有丰富的教学、科研经验，为全书的编写奠定坚实基础。

本书主要介绍视频的数字化、编码及显示处理技术原理，立意新颖、结构安排合理，内容涵盖经典基础知识与领域最新技术发展。全书内容深入浅出、概念清晰，便于读者系统掌握数字视频技术的基本原理与开发应用。

本书就视频的数字化、视频接口同步控制数字化、数字视频的编码压缩原理、主流视频编码标准、视频显示处理技术以及平板显示驱动技术进行了详细论述，并结合视频处理软件 FFmpeg 进行了应用介绍。读者在阅读后能够对数字视频及显示技术的实现有比较深入的了解。

希望有更多、更好的同类型著作给数字视频技术的推广和应用带来帮助！

2025 年 2 月 16 日

前　言

自 20 世纪初电视机被发明以来，视频在人们的生活中一直扮演着重要的角色。随着信息时代、数据时代及短视频自媒体时代的到来，视频"会话"和交流占据着越来越重要的地位。

如今海量视频的出现，给存储和传输都带来了巨大的挑战。为应对这一挑战，科研工作者和专业技术人员从视频的数字化到编码压缩等环节，都在设计高效算法以提高位表达效率。同时，在同样的扫描指标下，尽力提高显示质量和视觉体验效果，并在后端的视频图像处理、显示接口及显示屏技术方面也进行了相应的优化设计。

本书从视频的数字化（第 2 章）、压缩编码（第 3 章）等基本处理环节入手，分析如何提高位表达效率。同时，在进行运算时，以调用数据量不能太大（相对）、运算复杂度不能太高（相对）为目标去探寻平衡的方法，并满足工程标准化的需求，主流的视频编码标准 H.264、H.265 就是此类方法的代表。针对如何对图像和视频质量进行评价，第 4 章介绍了主、客观质量评价法；第 5 章对 H.264、H.265 的主要内容进行讲解；第 6 章对音视频编解码开源工具 FFmpeg 的应用开发平台进行阐述和举例；第 7、8、9 章分别对视频显示处理、平板显示接口及数字平板显示驱动进行了阐述。

本书分工如下：西华大学杨坤明老师负责第 1、2、3、7、8、9 章的撰写及全书统稿工作；电子科技大学朱树元老师主要完成第 4、5 章的撰写，并与电子科技大学王忠荣老师共同完成第 6 章的撰写；西华大学王维博老师、胡宏平老师参与本书部分章节的审校工作。

本书的出版得到了西华大学教材建设立项支持、西华大学电气与电子信息学院一流专业建设经费支持，并得到了国家自然科学基金区域联合基金重点项目（U20A20184）和四川省自然科学基金创新群体项目（2023NSFSC1972）的支持。在此表示衷心感谢！另外对参与撰写此书并协助进行图文编辑工作的博士研究生刘宇、熊垒、罗昕、任梓豪，硕士研究生王子豪、胡鸣飞表示感谢！在编写过程中，作者参考和引用了相关学者的研究成果、著作、论文和技术标准，在此，向这些文献的作者、技术的贡献者表示敬意和感谢！

由于作者水平有限，书中难免存在疏漏之处，敬请同行专家和广大读者批评指正。

目　录

第 1 章　数字视频的基础知识

知识点:

　　❖ 视频

　　❖ 色彩空间及转换

　　❖ 电视制式

　　某图像采集设备单位时间内获取顺序多帧图像的连续播放,即视频 (Video)。因为图像和视频数据量大,所以在存储或传输前都要先进行信源编码。在视频处理或播放前再进行解码。Video 一词不妨理解为 Vision、Encode、Decode 的组合。

　　图像 (Image) 即光影和空间在人眼视觉上的反映。视频即连续影像在人眼视觉上的反映。

　　下面我们分析光在影像上的定义。

1.1　颜色分量

　　各种视频显示设备常用 RGB 三基色合成的方法呈现色彩斑斓的画面。不同的显示设备采取不同的机制,产生可控的 R、G、B 三种分量。

1.1.1　三基色

　　可见光由三种基本颜色 (三基色) 红 (Red)、绿 (Green)、蓝 (Blue) 组成,可见光的不同颜色是此三基色按不同比例的组合呈现的视觉反映。所以,可见光表示为 $W=x \cdot R+y \cdot G+z \cdot B$,即 R、G、B 颜色分量的组合。不妨假设 R、G、B 三种分量等权重,各自的量为 0、1 两种状态 (无、饱和状),进行如下组合的排列,即将 R、G、B 顺序组合成二进制位序列,进位变换顺序作为其基色组合顺序,结果如图 1-1 所示。

　　如果用三基色 R、G、B 对应空间中的三个轴,最大值为 1,那么此空间称为色彩空间。由它们构成的立方体的顶点分别对应红、绿、蓝、青、品红、黄、白、黑共八种基本色。白色和黑色的连线构成了不同明暗等级的中性灰,即在正方体的主对角线从 (0,0,0) 至 (1,1,1),各原色的强度相等,产生由暗到明的白色,也就是不同的灰度值。如图 1-2 所示,任意一种色光 F 都可以用不同分量的 R、G、B 三基色相加混合而成。

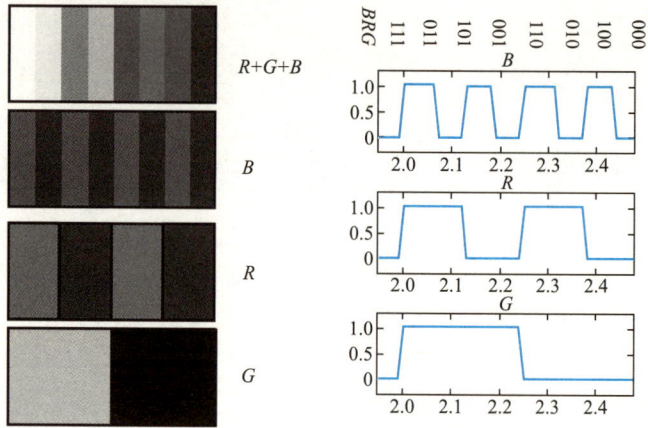

图 1-1　*R*、*G*、*B* 色彩序列组合

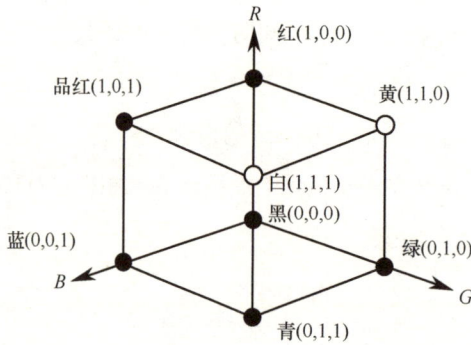

图 1-2　*R*、*G*、*B* 色彩空间

1.1.2　基色分量与亮度的关系

由三基色的组合及颜色空间的分析可知，白光是三基色组合的呈现。人所感知的白光是三基色以不同的比例组合而成的，用 Y 表示。根据测定，三基色贡献的比例（系数）关系式为 $Y=0.30R+0.59G+0.11B$（本书采用两位有效小数来表示）。各基色组成白光（亮度）Y 的比例关系是恒定的。这些比例系数称为可见度系数，它们的和为 1。

彩色电视为了兼容黑白电视，必须传送一个亮度信号（以便黑白电视接收）。根据彩色具有亮度、色调、饱和度三要素理论，传送彩色必须选用三个独立的信号。除亮度信号外，在彩色电视中，常用两个色差信号 $R-Y$、$B-Y$ 来表示色差信息；这两个色差信号与色调和饱和度之间存在确定的相互变换关系：

$$R-Y=0.70R-0.59G-0.11B$$
$$B-Y=-0.30R-0.59G+0.89B$$

（1-1）

根据色差分量与亮度之间的关系，不妨仍以图 1-1 的 *R*、*G*、*B* 色彩序列运算得如图 1-3 所示的标准彩条信号（100-0-100-0）图。

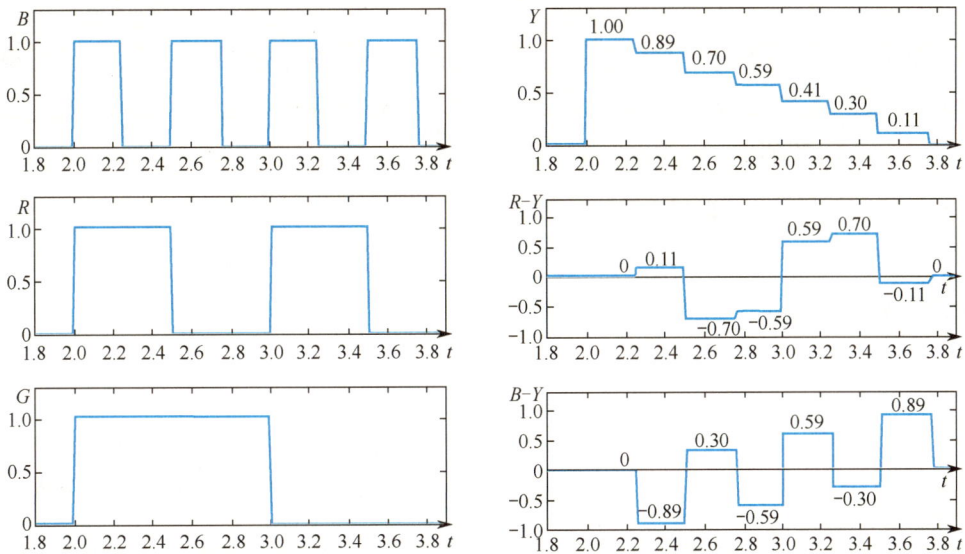

图 1-3　标准彩条信号（100-0-100-0）图

标准彩条信号是由彩条信号发生器产生的一种测试信号。它是用电的方法产生的模拟彩色摄像机拍摄的光电转换信号，由三基色组合构成，信号包含八条等宽垂直条。标准彩条信号常用于对彩色电视系统的传输特性进行测试和调整。

标准彩条信号通常用四个数码表示方法来命名：四个数码中的第一个数码表示组成白条的基色信号的幅度为 100%，第二个数码表示组成黑条的基色信号幅度的百分数，第三个数码表示组成彩条的基色信号最大幅度的百分数，第四个数码表示组成彩条的基色信号最小幅度的百分数。例如，100-0-100-0 彩条、100-0-100-25 彩条、100-0-75-0 彩条。我国规定采用 100-0-75-0 彩条信号。它是欧洲广播联盟（European Broadcasting Union，EBU）提出并采用的，有时也称 EBU 彩条。

1.2　色彩空间的表示和转换

RGB 是最常用、最基础的色彩空间之一，根据人的视觉特性，以便数字视频处理或减少数据量，通常把 RGB 空间表示的彩色图像变换到其他色彩空间，目前采用的色彩空间变换有 YC_BC_R（见第 2 章）、YUV、YIQ 等。常用的转换是 RGB 格式与 YC_BC_R 格式之间的转换，YC_BC_R 适用于计算机的显示器。每种色彩空间都产生一种亮度分量和两种色差分量，而每种变换使用的参数都是为了适应某种类型的显示设备。YUV 适用于 PAL 和 SECAM 彩色电视系统，YIQ 适用于 NTSC 彩色电视系统。

1.2.1 YUV 色彩空间

在现代彩色电视系统中，通常采用三管彩色摄像机或彩色 CCD 摄像机摄像，先把摄得的彩色图像信号经分色棱镜分成 R、G、B 三个分量的信号，再分别经放大和 Gamma 校正后得到 RGB 信号，再经过矩阵变换电路得到亮度信号 Y 和两个色差信号 $R-Y$（U）、$B-Y$（V），最后发送端将亮度信号 Y 和色差信号 U、V 分别编码，并用同一信道将其发送出去。其中，Y 代表亮度信息，U 代表蓝色色差（蓝色信号与亮度信号之间的差值），V 代表红色色差。这种颜色的表示方法就是 YUV 色彩空间。

1. YUV 与 RGB 色彩空间转换（Color Space Convert，CSC）

亮度信号 Y 和色差信号 U、V 是分离的，由于亮度信号是单独表示的，因此色差信号和亮度信号在传输和存储上不会相互干扰（虽然最后都要还原成 R、G、B 显示），主观感觉噪声不会明显增加。如果只有 Y 分量而没有 U、V 分量，那么这样表示的图像就是黑白灰度图像。YUV 的三个色差信号 $B-Y$、$R-Y$、$G-Y$ 中有两个是独立的，最后一个可用亮度方程和两个色差信号通过运算得到。

由式（1-1）得

$$Y = 0.30R + 0.59G + 0.11B$$

将此式变换得

$$0.30(R-Y) + 0.59(G-Y) + 0.11(B-Y) = 0$$

$$G-Y = -\frac{0.30}{0.59}(R-Y) - \frac{0.11}{0.59}(B-Y) \tag{1-2}$$

由此表明，可以用两个色差信号表示色度信号，现有彩色视频均选用 $R-Y$、$B-Y$ 两个色差信号。

如果用 $G-Y$ 作为色差信号进行传输或存储，则当 $G-Y$ 数值最小，且作为传输信号时，信噪比最低，容易受干扰。

采用亮度信号和两个色差信号作为传输和存储视频信号的方式，称为恒亮传输方式。恒亮传输方式有利于彩色电视对黑白电视的兼容。

2. 彩色电视与黑白电视的兼容

为了使彩色电视与黑白电视兼容，其中对亮度信号和色差信号分量的处理就需要在黑白电视接收彩色电视信号时，取出亮度信号显示黑白图像；因此彩色电视的亮度信号幅值应调整在黑白电视的亮度范围内。

彩色电视色差信号的模为

$$C = \sqrt{(B-Y)^2 + (R-Y)^2} \qquad (1\text{-}3)$$

根据频谱交错原理，彩色电视系统中将色差信号与亮度信号混合叠加在一起传送。根据亮度方程和式（1-3）可计算复合信号的幅值 $Y+C$、$Y-C$。100-0-100-0 标准彩条分量数据如表 1-1 所示。

表 1-1 100-0-100-0 标准彩条分量数据

色调	R	G	B	Y	$B-Y$	$R-Y$	C	$Y+C$	$Y-C$
白	1	1	1	1.00	0.00	0.00	0.00	1.00	1.00
黄	1	1	0	0.89	-0.89	0.11	0.89	1.78	-0.01
品红	1	0	1	0.41	0.59	0.59	0.83	1.24	-0.42
红	1	0	0	0.30	-0.30	0.70	0.76	1.06	-0.46
青	0	1	1	0.70	0.30	-0.70	0.76	1.46	-0.06
绿	0	1	0	0.59	-0.59	-0.59	0.83	1.42	-0.24
蓝	0	0	1	0.11	0.89	-0.11	0.89	1.01	-0.78
黑	0	0	0	0.00	0.00	0.00	0.00	0.00	0.00

若以黑白图像为基准（亮度信号幅度为 0～0.70V），则彩条中大部分色彩对应的色差信号因限幅会产生彩色失真。从表 1-1 中可以看出，黄电平为 1.78V，超过白电平 78%；蓝电平为 -0.78V，比黑电平低 78%。色差信号因限幅产生彩色失真（还会以伪同步信号的方式引起图像不稳）。

按黑白电视要求传输的动态范围满足亮度信号的要求，必须对彩色信号进行幅度压缩，实践证明，对于 100-0-100-0 标准彩条信号，电平幅度限制在 -0.33～1.33V 比较合适。

色差信号的幅度压缩是在平衡调幅之前进行的，只要将两色差信号分别乘以小于 1 的系数即可。令 $B-Y$ 信号压缩比例系数为 a，$R-Y$ 信号压缩比例系数为 b，用超量最多的黄色和青色来确定 a 和 b，即

$$
\begin{aligned}
Y_{黄}+C_{黄} &= 0.89 + \sqrt{a^2(B-Y)^2_{黄} + b^2(R-Y)^2_{黄}} \\
&= 0.89 + \sqrt{(0.89a)^2 + (0.11b)^2} \\
&= 1.33 \\
Y_{青}+C_{青} &= 0.70 + \sqrt{a^2(B-Y)^2_{青} + b^2(R-Y)^2_{青}} \\
&= 0.70 + \sqrt{(0.30a)^2 + (0.70b)^2} \\
&= 1.33
\end{aligned}
$$

解得

$$a = 0.493, \quad b = 0.877$$

压缩后的色差信号 $B-Y$ 用 U 表示，$R-Y$ 用 V 表示，即

$$\begin{cases} U = a(B-Y) = 0.493(B-Y) \\ V = b(R-Y) = 0.877(R-Y) \end{cases} \tag{1-4}$$

Y、U、V 与 R、G、B 三基色分量的关系为

$$\begin{bmatrix} Y \\ U \\ V \end{bmatrix} = \begin{bmatrix} 0.30 & 0.59 & 0.11 \\ -0.15 & -0.29 & 0.44 \\ 0.61 & -0.52 & -0.10 \end{bmatrix} \begin{bmatrix} R \\ G \\ B \end{bmatrix} \tag{1-5}$$

由式（1-5）可知，YUV 色彩空间与 RGB 色彩空间之间是可以相互转换的。

1.2.2 色差分量矢量图和 YIQ 色彩空间

在完成色差信号对黑白电视（视频播放设备）的兼容处理后得到的色差分量 Y、U、V（分量幅值比例压缩）的色差信号可表示为

$$e_c(t) = u(t) + v(t) = U(t)\sin(w_{sc}t) + V(t)\cos(w_{sc}t)$$
$$= C(t)\sin[w_{sc}t + \theta(t)]$$

式中，w_{sc} 为彩色信号角频率；$C = \sqrt{U^2 + V^2}$ 为色度矢量的模，表示彩色的饱和度；$\theta = \arctan\dfrac{V}{U}$ 为彩色的色调。

压缩后 100-0-100-0 标准彩条色差信号数据如表 1-2 所示。

表 1-2 压缩后 100-0-100-0 标准彩条色差信号数据

色调	Y	U	V	C	θ	$Y+C$	$Y+C$
白	1.00	0.00	0.00	0.00	—	1.00	1.00
黄	0.89	−0.47	0.10	0.49	167°	1.33	0.44
品红	0.41	0.29	0.52	0.59	61°	1.00	−0.18
红	0.30	−0.15	0.62	0.63	103°	0.93	−0.33
青	0.70	0.15	−0.62	0.63	283°	1.33	0.07
绿	0.59	−0.29	−0.52	0.59	241°	1.18	0.00
蓝	0.11	0.44	−0.10	0.45	347°	0.56	−0.33
黑	0.00	0.00	0.00	0.00	—	0.00	0.00

根据表 1-2 可作出对应的彩条色差信号矢量图，如图 1-4 所示。

从图 1-4 中可知，基色矢量与补色（两种色彩混合相加得到白色，即互为补色）矢量互为反相。红色与青色、蓝色与黄色、绿色与品红色三组互为补色。

根据人的视觉特性，人眼对红色、黄色的分辨力最强（最为敏感），对蓝色和青色的分辨力最弱。如果将 U、V 轴逆时针旋转到红、黄色之间，则纵轴方向矢量大小与人的视觉感受强弱一致；经实践证明，若逆时针旋转 33°，则纵轴就是人眼最敏感的色轴，横轴就是人眼最不

敏感的色轴；将旋转后的色轴命名为 I、Q 轴，如图 1-5 所示。I、Q 信号与 U、V 信号之间的关系式为

$$\begin{cases} I = -U\sin33° + V\cos33° \\ Q = U\cos33° + V\cos33° \end{cases}$$
（1-6）

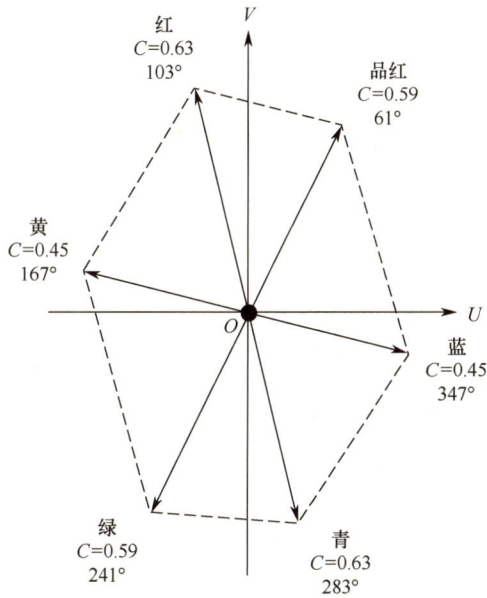

图 1-4　彩条色差信号矢量图

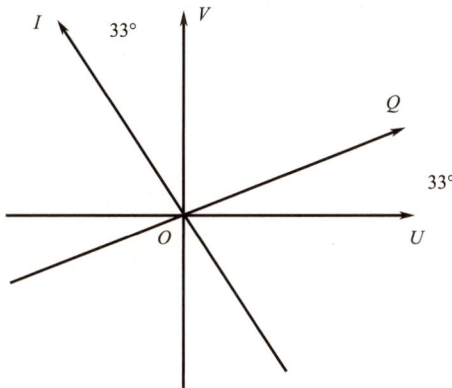

图 1-5　I、Q 信号与 U、V 信号关系图

矩阵关系表示为

$$\begin{bmatrix} Q \\ I \end{bmatrix} = \begin{bmatrix} \cos33° & \sin33° \\ -\sin33° & \cos33° \end{bmatrix} \begin{bmatrix} U \\ V \end{bmatrix}$$
（1-7）

（$\sin33° = 0.54$，$\cos33° = 0.84$）

通过式（1-5）中 Y、U、V 与 R、G、B 之间的关系得到 Y、Q、I 与 R、G、B 的转换关系

$$\begin{bmatrix} Y \\ Q \\ I \end{bmatrix} = \begin{bmatrix} 0.30 & 0.59 & 0.11 \\ 0.21 & -0.52 & 0.31 \\ 0.60 & -0.28 & -0.32 \end{bmatrix} \begin{bmatrix} R \\ G \\ B \end{bmatrix} \qquad (1\text{-}8)$$

1.3 不同电视制式采用的色彩空间

1.3.1 电视制式

电视是一种能广播传输或存储视频、影像的系统设备。它能接收广播视频影像，并能交互节目信息。

在不同的国家联盟、行政区，视频生成、处理、存储、传输、接收和播放所涉及的扫描的像点数及扫描的频率参数，即电视制式（标准）。

在模拟电视阶段，主要有三大电视制式：NTSC（National Television System Committee）制式，由美国国家电视标准委员会制定；PAL（Phase Alternation Line）制式，它是联邦德国在 1962 年制定的彩色电视广播标准；SECAM 是法文的缩写，意为顺序传输彩色信号与存储恢复彩色信号制，是由法国在 1956 年提出的。

1.3.2 电视制式的色彩分量

1. SECAM 制式分量关系式

$$Y = 0.30R + 0.59G + 0.11B$$

为了处理方便，我们常采用以亮度为参照的分量表示颜色，即

$$B - Y = -0.30R - 0.59G + 0.89B$$

$$R - Y = 0.70R - 0.59G - 0.11B$$

为了归一化，对 $B-Y$、$R-Y$ 进行了一定比例的调整，这便是 PAL 制式的 YUV 色彩空间模型。

2. PAL 制式采用 YUV 色彩空间模型

$$Y = 0.30R + 0.59G + 0.11B$$

$$U = 0.49(B - Y)$$

$$V = 0.88(R - Y)$$

3. NTSC 制式采用 YIQ 色彩空间模型

PAL 制式采用 YUV 色彩空间逆时针旋转 330° 便是 NTSC 制式的 YIQ 色彩空间模型，如式（1-8）所示。

【习题 1】

1. 三基色是哪三种颜色？为什么视频图像信号的表示大多用以白色信号为基础的色差分量表示？写出数字色差分量线性表达式（也可以矩阵方式给出）。

2. 为什么色差分量的表示（存储和传输）弃用 $G-Y$ 分量？

3. 彩色电视为了兼容黑白电视，将 $B-Y$ 调整为 U 分量，$R-Y$ 调整为 V 分量；请给出其对应的缩放系数，并试着推导其换算过程（根据黑白电视的显示要求）。

4. 用 Y、I、Q 替换 Y、U、V 表达色差分量的物理意义是什么？写出对应的转换公式，并画图表示。

5. 具有代表性的三大电视制式分别是什么？表示色彩各自用的色差分量是什么？

第 2 章　视频信号的数字化

知识点：

　　◇ 视频三基色及视频分量

　　◇ 视频分量的采样及量化

　　◇ 数字视频信号接口

　　图像和视频在进行数字化时，首先需要将连续的图像函数 $f(x,y)$ 进行空间和幅值的离散化处理。空间连续坐标 (x,y) 的离散化取样，叫作采样；$f(x,y)$ 颜色幅度的标定，叫作量化；光影采集端根据三基色原理与亮度特性，将 R、G、B 转换为 Y、$B-Y$、$R-Y$，下面介绍该三分量的数字化过程。

2.1　采样过程

　　模拟电视的 PAL 制式和 SECAM 制式采用 625 行扫描，每秒为 50 场，以及 NTSC 制式采用 525 行扫描，每秒约为 60 场（实为 59.94 场）。这些模拟电视制式的主要扫描参数只有行频和场频。

　　对于常见的数字视频显示设备，CCIR（International Radio Consultative Committee，国际无线电咨询委员会）同时兼容 NTSC 制式、PAL 制式和 SECAM 制式，为了使失真降低到最小，对采样频率的选择及采样点结构的建立，做了统一、规范化的技术建议。

2.1.1　亮度信号的采样频率

　　在视频标准中，亮度信号采样频率的确定主要基于以下几方面的原则。

　　（1）根据奈奎斯特采样定理，采样频率至少应为信号上限频率的 2 倍。我国规定亮度信号带宽为 6MHz，它的最高频率 $f_{max}=6\text{MHz}$，则采样频率 $f_s \geq 2f_{max}$，即 $f_s \geq 12\text{MHz}$。

　　（2）在满足奈奎斯特采样定理的情况下，要保证采样结构是正交的；正交结构就是采样点数每行相同，且在水平方向等间隔排列，垂直方向上下对齐（有利于帧内、帧间处理）。因此要求采样频率是行频 f_H 的整数倍，即

$$f_s = n \cdot f_H$$

　　（3）为了尽可能方便不同制式之间的节目交换，PAL 制式和 SECAM 制式采用 625 行扫描，每秒 50 场，以及 NTSC 制式采用 525 行扫描，每秒 60 场，每行上采样的数目都应为整数，即

采样频率应为行频的公倍数。625 行的行频为 15.625kHz，525 行的行频为 15.734kHz，两者的最小公倍数为 2.25MHz，故将亮度信号的采样频率定为 2.25MHz 的 6 倍，即 13.5MHz（大于 12MHz，满足奈奎斯特采样定理）。

（4）为了降低视频数码率，采样频率尽可能低。因此，在 CCIR601 号建议中亮度信号的采样频率 f_s = 13.5MHz。

采样频率确定后，可计算出不同制式的每行点数（模拟视频没有此参数）。以 625 行扫描、每秒 50 场以及 525 行扫描、每秒 59.94 场为例，N_1、N_2 为两种要计算的每行的样点数，因隔行扫描，故扫描奇数行的场（奇数）或扫描偶数行的场（偶数）均为场频的一半，则有

$$F_{s1} = 625 \times 50/2 \times N_1 = 15625 \times N_1 = 13.5\text{MHz}，得 N_1 = 864$$

$$F_{s2} = 525 \times 59.94/2 \times N_2 \approx 15734 \times N_2 = 13.5\text{MHz}，得 N_2 = 858$$

2.1.2　色差信号的采样频率

人眼对色度信号的敏感程度比对亮度信号的敏感程度低，可把图像中表达颜色的信号去掉一些而使人不易察觉；为了降低视频码率，减少色差分量采样点是一种有效的方式，图像子采样在数字图像压缩技术中得到广泛应用。为了适应不同图像质量要求，分量编码采样频率的组合有以下几种。

$Y:U:V$ = 13.5MHz : 13.5MHz : 13.5MHz，称为 4 : 4 : 4 格式。

$Y:U:V$ = 13.5MHz : 6.75MHz : 6.75MHz，称为 4 : 2 : 2 格式。

$Y:U:V$ = 13.5MHz : 3.375MHz : 3.375MHz，称为 4 : 1 : 1（4 : 2 : 0）格式。

实验表明，使用 4 : 4 : 4、4 : 2 : 2、4 : 1 : 1、4 : 2 : 0，人的视觉系统对采样前后显示的图像质量没有感到明显差别。

亮度色差分量（像点）采样示意图如图 2-1 所示。

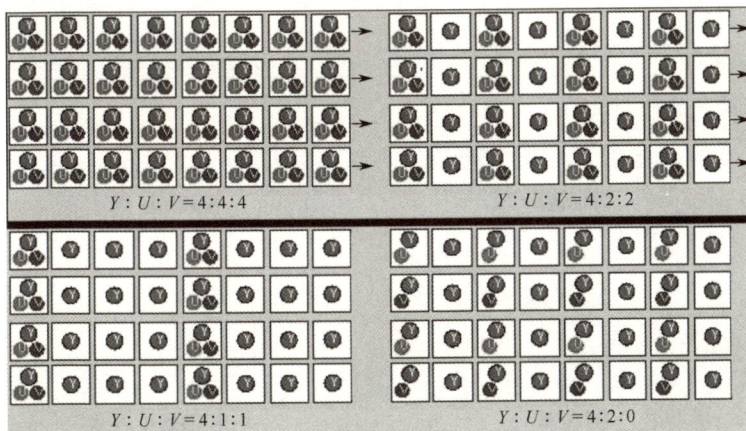

图 2-1　亮度色差分量（像点）采样示意图

因此，色差信号的采样点只有亮度信号的一半，或者亮度信号的 1/4，这样，在不损失视觉效果的情况下，可大大降低数码率。扫描频率（分频）关系图如图 2-2 所示。

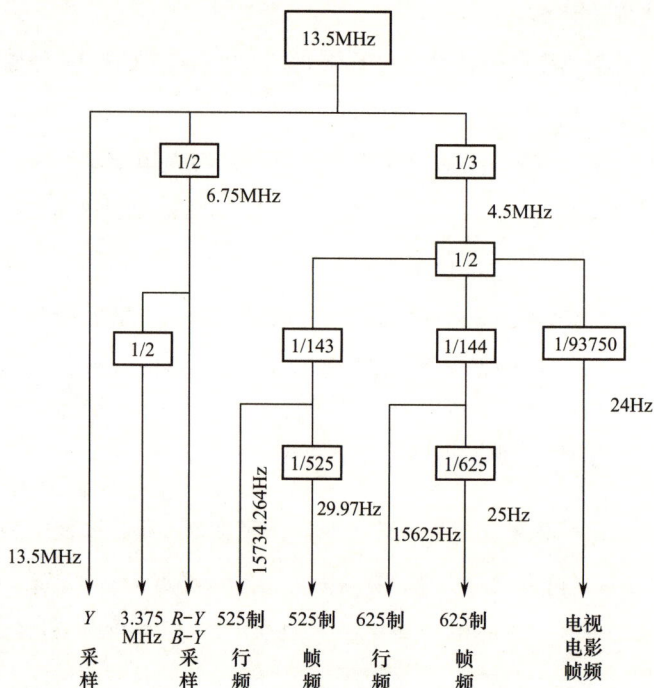

图 2-2　扫描频率（分频）关系图

2.2　量化过程

经过采样后的视频图像，每个像素的数值仍是连续的，必须把它转换为有限个离散值，这个过程称为量化。在时间轴的任意点上，量化后的信号电平与原模拟信号电平之间存在随机的、不可避免的、不可逆的误差，类似于随机噪声，具有较宽的频谱，因此把量化误差称为量化噪声；但是量化误差与噪声是有本质区别的，任意时刻的量化误差都是可以从输入信号求出的，而噪声与信号之间没有这种关系。

降低量化误差的最直接方法就是增加量化级数、减小最小量化间隔，但是码率将增加，这时要求更大的处理带宽，一般的视频信号量化采用 8bit 或 10bit，在信号质量要求较高时采用 12bit。

2.2.1　量化位数的确定

例如，有 8 个量化级，则可用 3 位二进制码来区分，因此，称 8 个量化级的量化为 3 位量化。8 位量化则是共有 256 个量化级的量化。

下面分析量化比特数与量化信噪比之间的关系。

假设信号在动态范围内每个量化分层电平上出现的概率是均匀的，而且量化误差在舍入方式中出现在 $-\Delta/2 \sim +\Delta/2$ 范围内的概率分布函数 $P(x)$ 也是均匀的，即

$$P(x) = \begin{cases} \dfrac{1}{\Delta}, & |x| \leqslant \dfrac{\Delta}{2} \\ 0, & |x| > \dfrac{\Delta}{2} \end{cases} \tag{2-1}$$

量化噪声在单位电阻上的平均功率为

$$N_q = \int_{-\frac{\Delta}{2}}^{\frac{\Delta}{2}} p(x)x^2 \mathrm{d}x = \frac{1}{\Delta}\int_{-\frac{\Delta}{2}}^{\frac{\Delta}{2}} x^2 \mathrm{d}x = \frac{1}{\Delta}\left[\frac{1}{3}x^3\right]_{-\frac{\Delta}{2}}^{\frac{\Delta}{2}} = \frac{\Delta^2}{12} \tag{2-2}$$

由式（2-2）可以看出，量化噪声功率 N_q 与量化间隔 Δ 的二次方成正比。对于双极性信号（如声音信号），设其振幅为 V_m，则动态范围为

$$2V_m = M\Delta = 2^n\Delta$$

正弦信号或余弦信号在单位电阻上的平均功率为

$$S = \frac{1}{2}V_m^2 = \frac{1}{2}\left(\frac{2^n\Delta}{2}\right)^2 \tag{2-3}$$

声音信号的量化信噪比用信号功率与量化噪声功率之比表示，即

$$\frac{S}{N_q} = \frac{\frac{1}{2}\left(\frac{2^n\Delta}{2}\right)^2}{\frac{\Delta^2}{12}} = \frac{3}{2} \cdot 2^{2n} \tag{2-4}$$

用分贝表示，即

$$\frac{S}{N_q}\mathrm{dB} = 10\log_{10}\left(\frac{3}{2} \cdot 2^{2n}\right) = 10 \times 2n\log_{10}2 + 10\log_{10}\frac{3}{2} \approx 6.02n + 1.76\,(\mathrm{dB})$$

视频信号的量化信噪比一般用信号峰–峰值与量化噪声平均功率的方均（均方根）根值之比表示，即

$$\frac{V_{p-p}}{\sqrt{N_q}} = \frac{2^n\Delta}{\sqrt{\frac{\Delta^2}{12}}} = 2\sqrt{3} \times 2^n \tag{2-5}$$

用分贝表示，即

$$\left(\frac{V_{\text{p-p}}}{\sqrt{N_{\text{q}}}}\right)\text{dB} = 20\log_{10}\left(2\sqrt{3} \times 2^n\right) = 20 \times n\log_{10}2 + 20\log_{10}2\sqrt{3} \approx 6.02n + 10.8\,(\text{dB})$$

由量化信噪比表达式可以看出，当量化比特数 n 每增加或减少 1bit，就使量化信噪比提高或降低约 6dB。

被处理信号的信噪比与量化位数有密切关系，若被量化的信号是单极性电视信号，则信噪比 $S/N=(6n+10.8)\text{dB}$，如图 2-3 所示。式中，n 为量化位数。如果把视频信号的信噪比定为大于 50dB，则量化位数应不低于 7 位。当量化位数越高时，信噪比也越高，每增加一位，信噪比可提高 6dB，但电路的复杂性和设备的成本也会大大提高。对视频信号采用 8bit 量化位数显然是较为合理的。这样，经一次量化处理后，其信噪比（SNR）可以达到 59dB。

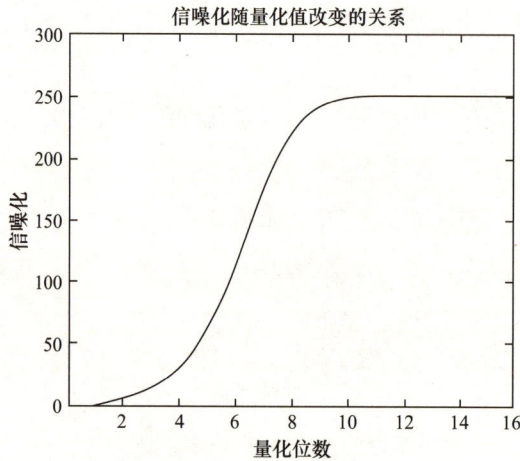

图 2-3　量化位数与信噪比关系

2.2.2　码电平的分配

同样，对于现有常见视频设备，为了保证足够的灰度层次，对采样后信号在量化方面也有一些规定。

为防止信号电平的过载（会出现网状干扰），将视频信号严格地调整到 1V（P-P）范围内（限幅），并且不会将 8bit 视频量化的 256 个量化级都分配给满幅信号，而在上下各留一个保护带。

1. 亮度信号的码电平分配

单极性信号的第 16 级（0.063V）为黑电平，235 级（0.922V）为峰值白电平，图像信号部分共 220 级，0 级为同步电平，上保留 20 级和下保留 16 级作为保护带。亮度信号量化图如图 2-4 所示。

亮度信号量化电平为

$$Y = \text{round}(219E_Y + 16) \qquad (2\text{-}6)$$

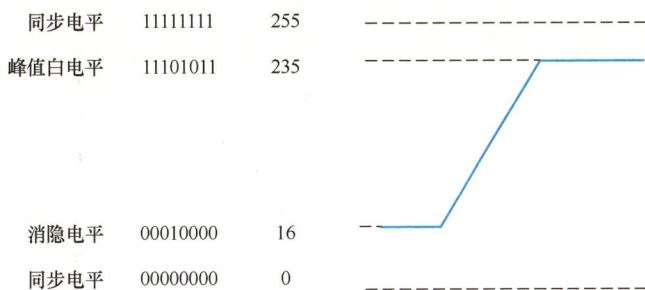

同步电平	11111111	255	
峰值白电平	11101011	235	
消隐电平	00010000	16	
同步电平	00000000	0	

图 2-4　亮度信号量化图

2. 色差信号量化级分配

在对模拟电视分量信号 Y、$B-Y$、$R-Y$ 进行量化和编码前，还必须对信号电平进行归一化处理。由式（1-1）可知，亮度信号电平 E_Y 和色差信号电平 E_{R-Y}、E_{B-Y} 的计算公式为

$$E_Y = 0.30E_R + 0.59E_G + 0.11E_B$$

$$E_{B-Y} = -0.30E_R - 0.59E_G + 0.89E_B \qquad (2\text{-}7)$$

$$E_{R-Y} = 0.70E_R - 0.59E_G - 0.11E_B$$

进行归一化，即最大电平为 1.0V；归一化后，亮度信号电平 E_Y 的动态范围为 0～1，而色差信号电平 E_{R-Y} 的动态范围为 0.70～0.70V，E_{B-Y} 的动态范围为 -0.89～0.89V，需要再次归一化，即

$$K_B = \frac{0.50}{0.89} = 0.56$$

$$K_R = \frac{0.50}{0.70} = 0.71$$

归一化的色差信号电平为

$$E_{C_B} = 0.56E_{B-Y} = -0.17E_R - 0.33E_G + 0.50E_B \qquad (2\text{-}8)$$

$$E_{C_R} = 0.71E_{R-Y} = 0.50E_R - 0.42E_G - 0.08E_B \qquad (2\text{-}9)$$

色差信号归一化后的电平在 -0.5～0.5V 范围内变换。归一化的色差信号为双极性信号，采用偏移二进制码，即信号零电平对应 128 个量化级（8bit 量化）的自然二进制码，上下对称（无负值码，便于运算处理）。同时，上、下分别保留 16 个二进制整数单位作为色保护带，如图 2-5 所示。

因此，色差信号量化电平可表示为

$$C_B = \text{round}(224E_{C_B} + 128) \approx \text{round}(125E_{B-Y} + 128) \qquad (2\text{-}10)$$

$$C_R = \text{round}(224E_{C_R} + 128) \approx \text{round}(159E_{R-Y} + 128) \tag{2-11}$$

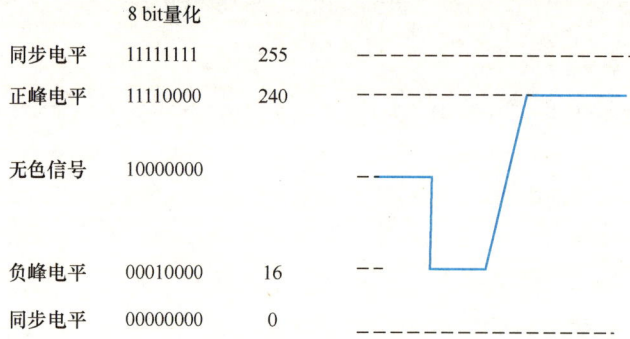

8 bit量化

同步电平	11111111	255
正峰电平	11110000	240
无色信号	10000000	
负峰电平	00010000	16
同步电平	00000000	0

图 2-5 色差分量量化等级

将式（2-7）分别代入 Y 量化式（2-6）、C_B 量化式（2-8）、C_R 量化式（2-9）得

$$\begin{bmatrix} Y \\ C_B \\ C_R \end{bmatrix} = \begin{bmatrix} 66 & 129 & 24 \\ -38 & -74 & 111 \\ 112 & -94 & -18 \end{bmatrix} \times \begin{bmatrix} R \\ G \\ B \end{bmatrix} + \begin{bmatrix} 16 \\ 128 \\ 128 \end{bmatrix} \tag{2-12}$$

2.2.3 显示输出的基色分量式

视频信号输出时（大多输出到显示端接口）还原三基色分量。

由式（2-12），设

$$A = \begin{bmatrix} 66 & 129 & 24 \\ -38 & -74 & 111 \\ 112 & -94 & -18 \end{bmatrix}$$

由 A 可求 A^{-1}，则得

$$\begin{bmatrix} R \\ G \\ B \end{bmatrix} = A^{-1} \times \begin{bmatrix} Y - 16 \\ C_B - 128 \\ C_R - 128 \end{bmatrix}$$

2.3 数字视频信号接口

在演播室的视频节目制作和编辑等环节，需要在不同的数字视频设备间传送视频信号。模拟视频接口行、场同步跟踪依赖于同步信号（脉冲）的传输；对于数字视频，就需要根据同步字确定像素点（显存的像素字）所对应的某场（或帧）行、列位置。因此，本节主要就同步字的定义及接口的有效传输进行阐述。

国际电信联盟无线电通信部门分别就标准清晰度和高清数字视频给出了 ITU-R BT.656 建议、

ITU-R BT.1120 建议。我国于 2000 年颁布了高清视频信号接口标准 GY/T157—2000。

2.3.1 ITU-R BT.656 建议

ITU-R BT.656 简称 ITU656，是国际电信联盟无线电通信部门在 4∶2∶2 级别上，对 525 行和 625 行电视系统中的数字分量视频信号接口的建议。为了在 525 行和 625 行电视系统之间具有最大的共同性，该建议提出了一种世界范围兼容的数字方法，使设备开发具有许多共同特点，如运行更经济，便于国际间的节目交换。

数字视频信号接口要完成数据传递，就需要信号成功传输、信号同步及时钟提取。由此，下面从视频数据与行同步间的关系（时序），4∶2∶2 分量编码行、场数据结构，定时基准码，行消隐期及辅助数据的插入，数据输出的串并接口等方面进行阐述。

1. 视频数据与行同步间的关系

模拟分量信号经 A/D 转换后，就形成了数字分量数据流。在模拟电视中，利用行场同步脉冲来实现收发两端的同步扫描；而在数字分量信号中，定时信息是通过有效视频结束（End of Active Video，EAV）标志和有效视频开始（Start of Active Video，SAV）标志两种定时基准码来传送的。SAV 和 EAV 分别位于每个数字有效行的起始处和结束处。数字有效行与模拟行之间有确定的时间关系。625 行 @50 场标准的视频数据与模拟行同步的关系及数字行数据结构如图 2-6 所示。

（1）每个数字行起始于模拟行同步前沿 O_H 前 $24T$ 处，结束于下一 O_H 前的 $24T$ 处；每行 $64\mu s$，有 1728 个时钟周期 T，对应 864 个亮度信号采样点。

（2）数字有效行起始于模拟行同步前沿 O_H 的 $264T$（$288T-24T$）处，数字有效行内 1440 个时钟周期对应 720 个亮度信号样点。

（3）在数字消隐期：传送辅助数据块及开始和结束端的定时基准码 EAV 代表有效视频结束；右端 $4T$ 的定时基准码 SAV 代表有效视频开始。

2. 4∶2∶2 分量编码行数据结构

ITU656 接口为单一信号源与单一终点之间提供单向互连，数据信号采用编码 8bit（可选 10bit）的二进制形式，这些信号包括视频信号、定时基准码、辅助信号等。信号 F 和 V 在数字行的开始时与有效视频定时基准码同步改变状态，在 4∶2∶2 系统中，亮度和色度采用不同的采样速率，亮度采样采用 13.5MHz，色度采样采用 6.25MHz，对于 15kHz 行频的普通电视，每行亮度样点数为 $64\mu s \times 13.5MHz = 864$（有效点 720），每行色度样点数为 $64\mu s \times 6.25MHz = 400$，由于同时有色度分量 C_B、C_R，因此色度与亮度的数据量总体上是一致的，都是每行 864 个

17

数据，两个亮度点对应一个色度点，视频数据字是以 27MHz 的速率复用传送的，其顺序是 C_B、Y、C_R、Y、C_B、Y、C_R、Y、…。其中，C_B、Y、C_R 这三个数据是指同址的亮度和色差信号采样，后面的 Y 数据对应下一个亮度采样，如图 2-6（b）所示。

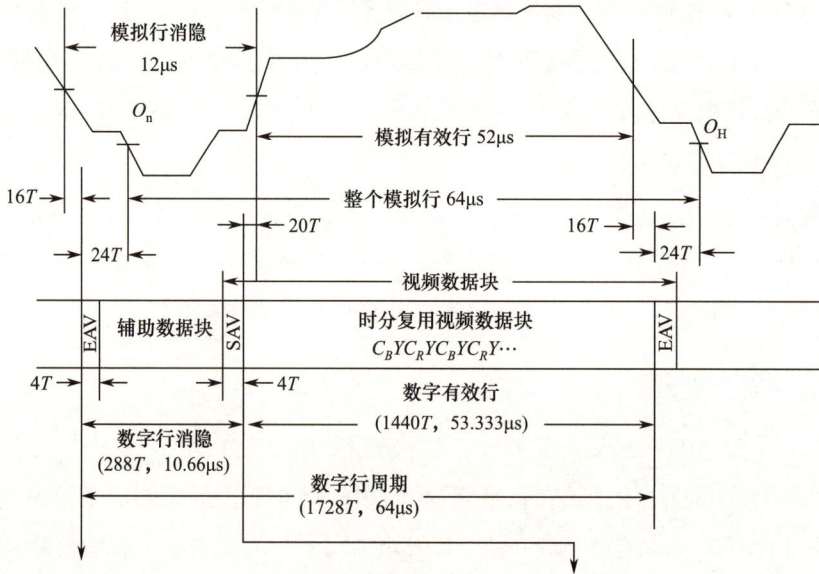

(a) 625行@50场扫描制式的行数据与模拟时序兼容关系

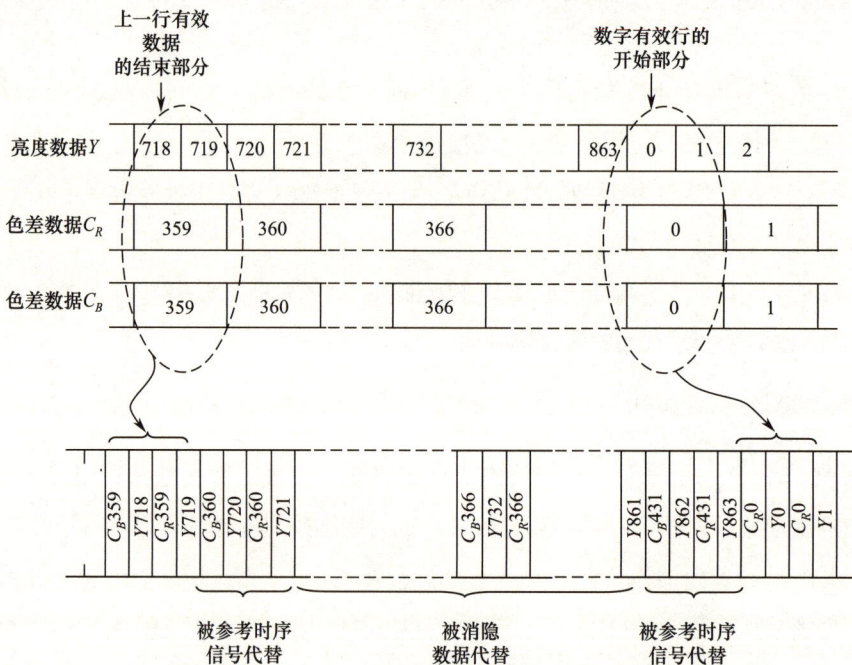

(b) 625行、50场扫描制式视频行数据结构（有效数据及辅助数据）

图 2-6　625 行 @50 场标准的视频数据与模拟行同步的关系及数字行数据结构

3. 4 : 2 : 2 分量编码场数据结构

在模拟电视系统中，隔行扫描要求第一场结束于最后一行的一半，消隐回到显示屏顶部的中央，以开始相邻的第二场扫描（第二场从半行开始）。在数字电视系统中，为了便于相邻两场数字处理，要去掉每场半行的设置，改为整数行。对于 625 行 @50 场扫描制式的系统，每场有 288 行；奇数场的消隐有 24 行（包括图 2-7 上端 22 行、下端 2 行），偶数场的消隐有 25 行。

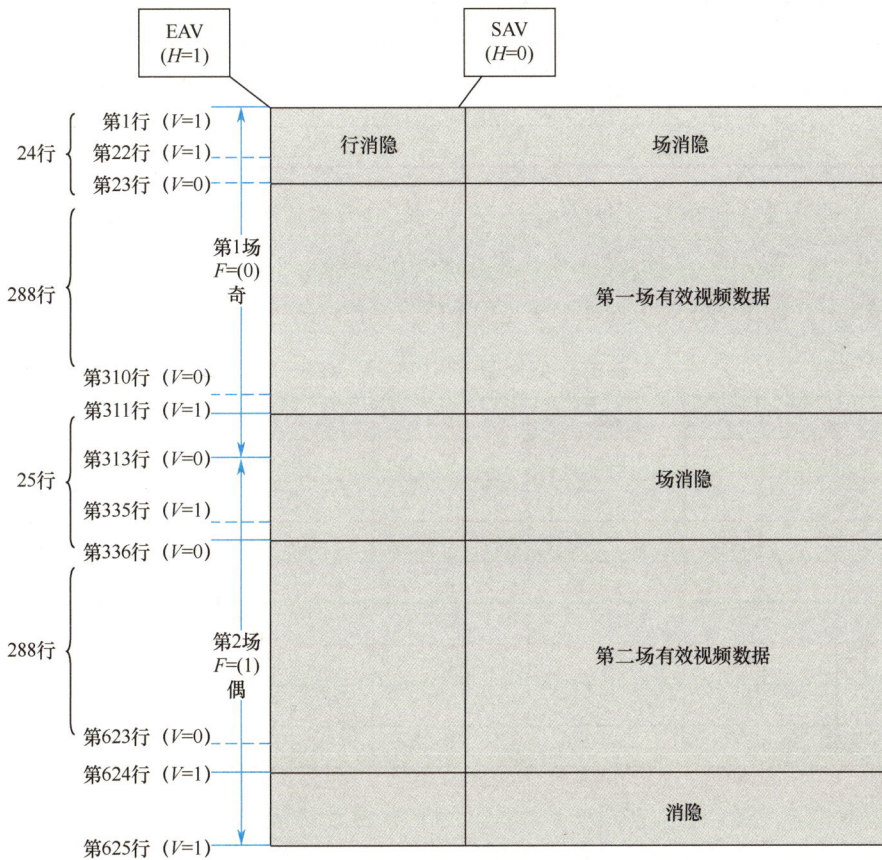

图 2-7　625 行 @50 场扫描制式数字场的定时关系图

4. 定时基准码

ITU656 规定两个定时基准码，一个在每个视频数据块的开始（SAV），另一个在每个视频数据块的结束（EAV）。每个定时基准码由 4 字节序列组成，格式为 FF 00 00 XY（数值以十六进制数表示，FF 00 供定时基准码用），头 3 字节是固定前缀，第 4 字节包含定义第二场标识、场消隐状态和行消隐状态的信息，表 2-1 所示为定时基准码内的比特分配。

表 2-1　定时基准码内的比特分配

数据位号	第 1 字节（FF）	第 2 字节（00）	第 3 字节（00）	第 4 字节（XY）
9（MSB）	1	0	0	1
8	1	0	0	*F*
7	1	0	0	*V*
6	1	0	0	*H*
5	1	0	0	P3
4	1	0	0	P2
3	1	0	0	P1
2	1	0	0	P0
1	1	0	0	0
0	1	0	0	0

　　表 2-2 中的数值是 10bit 接口的建议值，为了与已有的 8bit 接口兼容，对 D1 和 D0 比特的值未做规定。F=0/1 表示第 1/2 场；V=0/1 表示其他处 / 场消隐；H=0/1 表示有效视频开始（SAV）/有效视频结束（EAV）；P0、P1、P2、P3 是保护位，保护位的运算如图 2-8 所示。

表 2-2　定时基准码内的行、场表示

F	V	H	P3	P2	P1	P0
0	0	0	0	0	0	0
0	0	1	1	1	0	1
0	1	0	1	0	1	1
0	1	1	0	1	1	0
1	0	0	0	1	1	1
1	0	1	1	0	1	0
1	1	0	1	1	0	0
1	0	1	0	0	0	1

bit7	1
bit6	F
bit5	V
bit4	H
bit3	P3=V XOR H
bit2	P2=F XOR H
bit1	P1=F XOR V
bit0	P0=F XOR V XOR H

图 2-8　保护位的运算

5. 行消隐期及辅助数据的插入

在每行数据 864 个样点中，有效数据有 720 个，消隐期间数据有 144 个（包括 4 个样点的定时基准码）。在数字消隐期间出现不用作定时基准码或辅助数据的数据字时，应在适当位置上填入相当于 C_B、Y、C_R、Y 信号消隐电平的 80H、10H、80H、10H 等序列。

除定时基准码 EAV 和 SAV 外，需要传输的辅助数据信息主要包括下面几项。

（1）时间码信息，用于表示信号的绝对时间，以及其他实时时钟或用户信息等。这些信息用于电子编辑或复制。

（2）图像的显示信息，如画面的宽高比是 4∶3 或 16∶9。

（3）数字音频信息。

（4）测试诊断信息。

（5）图文电视信号、用户数据、控制数据等。

以上是对 625 行 @50 场标准的视频信号接口的介绍。525 行 @60 场标准的接口原理和 625 行 @50 场标准的接口原理基本相同，在统一的 13.5MHz 基准采样时钟下，可相互兼容和交换节目。

6. 数据输出的串并接口

数据的并行接口只适用于演播室内传输，无均衡器的条件下容许电缆长度为 50m，采用均衡器传输可达 200m。若用单芯电缆传输时分复用信号，则不加均衡器可传输 250m，加上均衡器可传输 1km。串行传输的数字信号也能以光信号形式通过光纤传输。因此，串行接口除进行并串转换外，还要进行加扰处理和码型变换。加扰编码如图 2-9 所示。

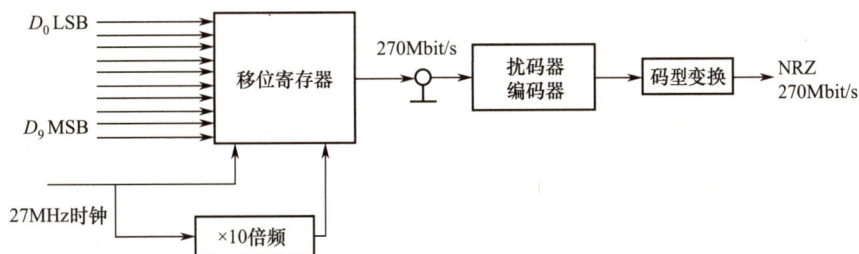

图 2-9　加扰编码

由于串行码流只用一根电缆传输，不再单独传输时钟信号，故需要在接收端从数据流中提取时钟信号。为了使接收端能顺利提取时钟信号，发送端还需要进行扰码（以消除长的连 "0" 和连 "1" 码流），通过扰码生成多项式 $G_1(x)=x^9+x^4+1$，产生加扰的 NRZ 信号。

扰码器输出的码流中可能还会出现较短的连 "0" 和连 "1" 码流，通过生成多项式 $G_2(x)=x+1$ 的码型变换器，由 NRZ 码变成 NRZI 码（用电平跳变表示 "1"，不变表示 "0"），包括丰富的定时信息，有利于提取时钟。扰码器及 NRZ/NRZI 转换原理如图 2-10 所示。

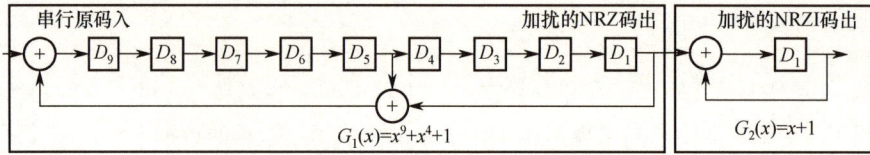

图 2-10　扰码器及 NRZ/NRZI 转换原理

2.3.2　ITU-R BT.1120 建议

类似于 BT.656 是 SDTV 的接口定义，BT.1120 是 HDTV 的接口定义，也是 BT.709 的延伸应用，即 BT.709 建议中 4∶2∶2 分量编码的数字视频信号接口定义。

1. 数字视频数据与模拟行时序间的关系

由图 2-11 可知，模拟行和数字行的定时基准不在同一处。模拟同步基准点 O_H 与数字行定时基准码 SAV 字终点的时间宽度为 $44T+148T=192T$，其中 T 为数字亮度行的采样周期，对于 1125/60 制式，$T=1/74.25\text{MHz}=13.468\text{ns}$。BT.1120 视频行间隔定时规范如表 2-3 所示。

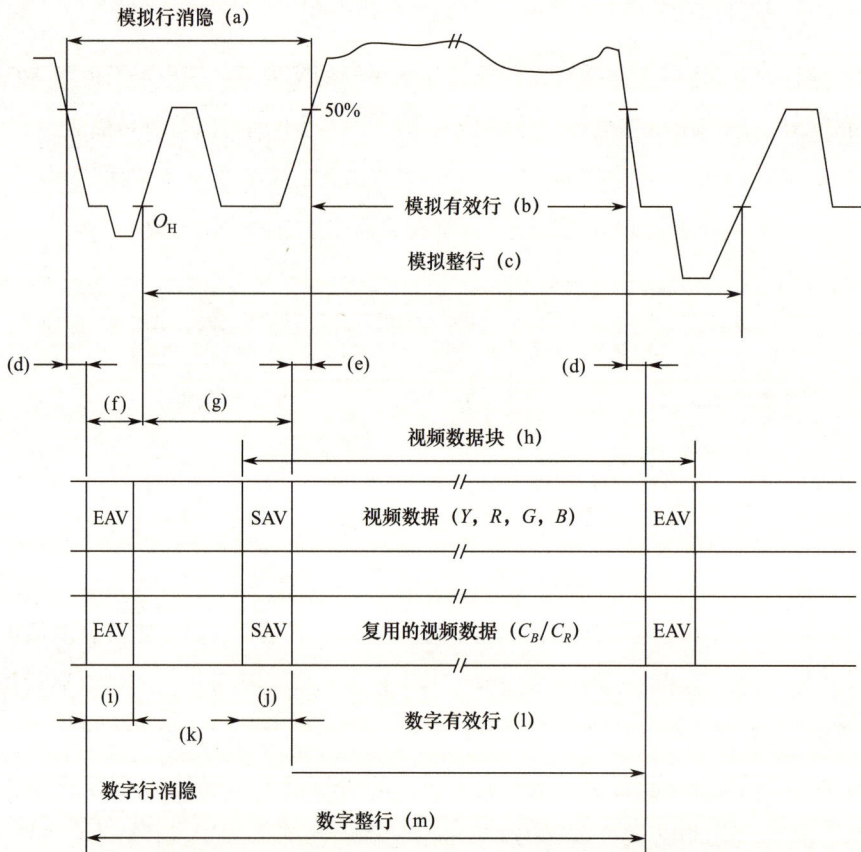

图 2-11　BT.1120 视频行数据与模拟时序间的关系

表 2-3　BT.1120 视频行间隔定时规范

符号	参数	数值	
		1125/60	1250/50
—	每行有效 Y 样点数目	1920	
a	模拟行消隐	3.771μs	6.00μs
b	模拟有效行	25.859μs	26.00μs
c	模拟整行	29.630μs	32.00μs
d	模拟有效图像结束与 EAV 起始之间的间隔（T）	0~6T	24T
e	SAV 结束与模拟有效图像起始之间的间隔（T）	0~6T	24T
f	EAV 起始与模拟定时基准（O_H）之间的间隔（T）	88T	128T
g	模拟定时基准（O_H）与 SAV 结束之间的间隔（T）	192	256T
h	图像数据块（T）	1928T	
i	EAV 持续期（T）	4T	
j	SAV 持续期（T）	4T	
k	数字行消隐（T）	280T	384T
l	数字有效行（T）	1920T	
m	数字整行（T）	2200T	2304T

注：T 为时钟周期，对于 1125/60，T=13.468ns（1/74.25MHz）；对于 1250/50，T=13.889ns（1/72MHz）。

定时基准码 EAV 或 SAV 均含有 4 个字，前 3 个字为固定的 3FFh、000h、000h，接收端正是凭借这 3 个字（一个全"1"、两个全"0"）来识别定时基准码的。第 4 个字 XYZ 非常重要，它包含扫描格式（逐行或隔行）、场序识别、行场正程或逆程等信息，EAV 与 SAV 的区别也在于 XYZ 字，其两个最低位（bit 0 和 bit 1）预置为零，其作用在于和 8bit 量化兼容。其他 8bit（bit 2~bit 9）的含义如下。bit 9：始终固定为 1；bit 8（F）：在逐行扫描系统中始终为 0，在隔行扫描系统中，当 F=0 时表示该行（XYZ 字所在行）位于第一场，当 F=1 时表示该行位于第二场；bit 7（V）：当 V=1 时表示该行位于场消隐期间，当 V=0 时表示该行位于有效图像期间；bit 6（H）：当 H=1 时表示该定时基准码为 EAV，当 H=0 时表示该定时基准码为 SAV。

bit 5、bit 4、bit 3、bit 2（分别表示为 P3、P2、P1、P0）：这 4 个位称为保护位，它们与 F、V、H 位共同组成线性分组码序列，保护位的取值决定于 F、V、H 的数值，从而为 F、V 和 H 位提供检错和误码校正，在接收端可以检测出 F、V 和 H 位中的两位错码并能纠正其中一位错码。

2. 行号和 CRC 校验

在 ITU-R BT.709 建议中，对 1125 行和 1250 行系统 HDTV（高清晰度电视）确定了演播室标准，该标准中包含有关常规电视的系统及像素平方通用图像格式（CIF）扫描的系统。ITU-R BT.709 建议还给出了 1920×1080 HD-CIF 作为新装置的优选格式，它与其他应用场合的互操作性十分重要，其运行目标是实现一个唯一的世界性标准，基于 CIF 的 HDTV 系统总行数为 1125 行，有效行数为 1080 行。

传输数据时使用 YC_BC_R 中 4 : 2 : 2 的格式，通过 C_B 和 C_R 分量的时分复用，Y、C_B、C_R 都以 20bit 进行处理。每 20bit 对应一个色差样点和一个亮度样点。

图像的基准码 SAV、EAV 的比特分配与 BT.656 的一致。

由图 2-12 可知，一帧总行数为 1125，其中第 1124 行、第 1125 行和第 1~20 行位于第一场数字场消隐区，计 22 行；第 561~583 行位于第二场数字场消隐区，计 23 行。每帧场消隐区总共为 45 行。第 21~560 行位于第一场有效图像区，计 540 行；第 584~1123 行位于第二场有效图像区，计 540 行。两场合计共 1080 行，即一帧的有效图像行数。每一亮度行（或 C_B/C_R 色差行）的样点序号从 SAV 后第一个有效样点开始计数，第一个样点序号为零，至 SAV 的终点为最后一个样点，序号为 2639。

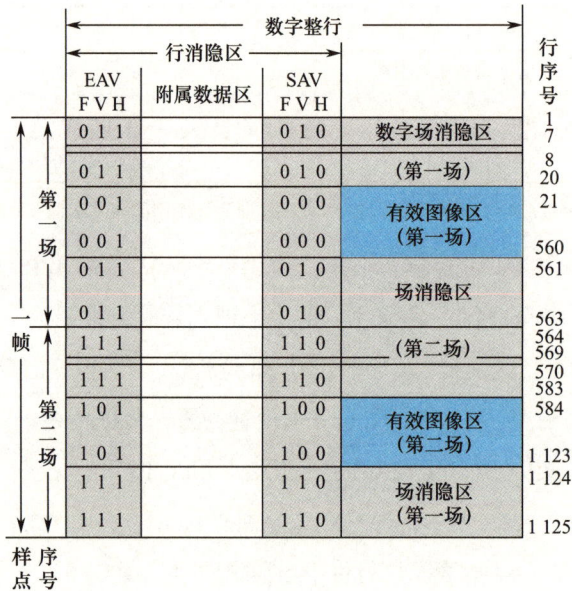

图 2-12　HDTV 场同步

行号数据由指明行号的两个字组成，HDTV 行号数据的比特分配如表 2-4 所示。行号数据的位置应紧接在 EAV 之后。

表 2-4　HDTV 行号数据的比特分配

字	b9（MSB）	b8	b7	b6	b5	b4	b3	b2	b1	b0（LSB）
LN0	b8 反码	L6	L5	L4	L3	L2	L1	L0	R	R
LN1	b8 反码	R	R	R	L10	L9	L8	L7	R	R

注：L0（LSB）~L10（MSB）为二进制码的行号；R 为保留位（置为 0）。

误码检测码为循环冗余校验码（CRC），用以检测有效数字行、EAV 和行号数据中的误码，它由两个字组成，决定下列多项式发生器的公式为 $EDC(x)=x^{18}+x^5+x^4+1$。

将校验码的初始值置为 0，计算起始于数字有效行的第一个字，结束于行号数据的最后一个字。计算两个误码检测码，一个用于亮度数据（YCR），另一个用于色差数据（CCR）。误码检测码的比特分配如表 2-5 所示，误码检测码的位置应紧接在行号数据之后。

表 2-5　误码检测码的比特分配

字	b9（MSB）	b8	b7	b6	b5	b4	b3	b2	b1	b0（LSB）
YCR0	b8 反码	CRCC8	CRCC7	CRCC6	CRCC5	CRCC4	CRCC3	CRCC2	CRCCI	YCR0
YCR1	b8 反码	CRCCI7	CRCC16	CRCC15	CRCC14	CRCC13	CRCC12	CRCCI1	CRCCI0	YCR1
CCR0	b8 反码	CRCC8	CRCC7	CRCC6	CRCCS	CRCC4	CRCC3	CRCC2	CRCCI	CCR0
CCR1	b8 反码	CRCCI7	CRCCI6	CRCC15	CRCC14	CRCC13	CRCCI2	CRCCI1	CRCCI0	CCR1

3. 串行接口的扰码处理

与标清视频接口信号一样，视频传输可以通过并行接口和串行接口实现。对于串行接口，没有单独的时钟通道，而是需要从数据的跳变沿中恢复时钟信息。但原始数据流中难免有连续的"0"串或"1"串。这样，接收端的时钟就会因无跳变沿而在较长时间内失去基准，不能与发送端的时钟保持同步，这不利于数据的正确恢复。并且，长串的"0"或"1"会使数据的能量频谱集中到低频，不适合信道传输。为此，必须对原始数据进行扰码处理（或称随机化处理）和码型变换。

【习题 2】

1. 分别说明 $Y:U:V$ 信号采样格式 4∶4∶4、4∶2∶2、4∶1∶1、4∶2∶0 的物理意义（此处不妨设点频为 13.5MHz），至少以 4×4 像素矩阵画图说明。

2. 由于 PAL 制式、SECAM 制式（625 行 @50 场）及 NTSC 制式（525 行 @60 场，实为 59.94 场）每行上采样的数目都应为整数，即采样频率应为行频的公倍数，因此在 CCIR601 号建议中亮度信号的采样频率 f_s=13.5MHz。求：

   （1）两种制式（NTSC 制式以实际 59.94 场计算）每行上的采样数目。

   （2）当采用 4∶2∶2 采样格式时，色差分量的采样频率。

3. 怎么确定量化色差分量模拟量采用的位数？分析其主要依据是什么？如何平衡？

4. 量化前，为什么要对 E_{B-Y}、E_{R-Y} 进行归一化处理？请用数字化的知识准确描述。

5. 请结合本章图 2-6 和图 2-11，阐述图 2-4 的亮度保护带和图 2-5 的色保护带的作用；并思考为什么亮度信号上、下保护带不对称（或保留字数目不等）？

6. 相较于模拟视频同步信号的作用，数字视频是通过什么完成行、场（帧）同步的？与模拟视频同步信号是什么关系？参看图 2-6 和图 2-11。

第 3 章　数字视频的编码原理

知识点：

♦ 视频编码的必要性和可行性

♦ 数字视频编码框架

♦ 帧内预测及帧间预测

♦ DCT 编码

♦ 视频熵编码

数字视频编码的目的就是在视频允许失真范围内寻求最小数码率（与模拟视频信号编码任务主要完成制式转换有本质的不同），即压缩编码。

根据人的视觉特点、视频信号的时空相关性、信号频率特征（表现）、接收端（需求方）对视频的要求等，可找到有效的视频信号压缩编码算法。本章首先分析数字视频编码的必要性和可能性，然后阐述数字视频压缩的框架、技术、应用和发展方向。

3.1　数字视频编码概述

3.1.1　数字视频编码的必要性

视频像素数据量很大。假设分辨率为 640 像素 × 480 像素，24bit 真彩色，PAL 制式，25 帧 / 秒（不含音频数据），则 1min 视频所需的存储容量为

$$(640 \times 480 \times 24)/8 \times 25 \times 60 \approx 1.29\text{GB}$$

不难看出，直接存储和传输视频都会产生巨大的信息负荷量。

根据国际广播协会所推荐的 CCIR601 建议，若按 4∶2∶2 标准来传送数字视频信号，则 SDTV 的数据率为 $(13.5\text{MHz} + 2 \times 6.75\text{MHz}) \times 8\text{bit} = 216\text{Mbit/s}$，按每赫兹所占周期传送 2bit 码元，则每路 SDTV 数字电视信号占用 108MHz 的频带，相当于 PAL 制式模拟电视 8MHz 带宽的 13.5 倍，整个广播电视频段只能传送 8bit 原始 SDTV 数字电视节目。

对于高清晰度电视 HDTV 来说，每行的有效像素为 1920 个，每帧有效行为 1080 行，采样频率为 74.25MHz，若按 4∶2∶2 格式，则 HDTV 的数据率为（74.25MHz + 2 × 37.125MHz）×

8bit＝1188Mbit/s。

因此，在对像素数据进行信源编码前，都要进行去空间相关性和时间相关性的压缩处理。

3.1.2　数字视频编码的可能性

数字视频编码主要存在以下形式的冗余。

1. 空间冗余

视频数据在水平方向相邻像素之间、垂直方向相邻像素之间的变化一般都很小，存在较强的空间相关性。特别是同一景物各点的灰度和颜色之间往往都存在着空间连贯性，从而产生空间冗余，称为帧内相关性。

2. 时间冗余

在相邻场或相邻帧对应位置的像素之间，亮度信息和色度信息存在着较强的相关性，当前帧图像往往具有与前、后两帧图像相同的背景和移动物体，只不过移动物体所在的空间位置略有不同。

3. 结构冗余

在有些视频图像的纹理区，像素值存在明显的分布模式，如方格状的地板图案、房间内的墙纸等。已知分布模式，可以通过某一过程实现该视频图像，称为结构冗余。

4. 视觉冗余

人眼具有视觉非均匀特性，对视觉不敏感的信息可以适当舍弃，在记录原始视频图像数据时，通常假定视觉系统是线性的和非均匀的，对视觉敏感和不敏感的部分同等对待，从而产生比理想编码更多的数据，称为视觉冗余。

5. 区域相似性冗余

在视频图像中的两个或多个区域所对应的所有像素值相同或相近，从而产生数据重复性存储，这就是图像的相似性冗余。在这种情况下，记录一个区域中各像素的值后，与其相同或相近的区域就不再重复记录，矢量量化方法就是针对这种冗余图像的压缩方法。

3.1.3　数字视频编码技术的发展

传统的压缩编码是建立在香农（Shannon）信息论基础上的，它以经典的集合论为基础，用统计概率模型来描述信源，但它未考虑信息接收者的主观特性及事件本身的具体含义、重要程度和引起的后果。因此，压缩编码的发展历程实际上是以香农信息论为出发点的一个不断完善的过程。从不同角度考虑，数据压缩编码具有不同的分类方式。

根据信源的统计特性，数据压缩编码可分为预测编码、变换编码、矢量量化编码、子带-小波编码、神经网络编码方法等。

根据图像传递的景物特性，数据压缩编码可分为分形编码、基于内容的编码方法等。

随着产业化活动的进一步开展，国际标准化组织于 1986 年、1998 年先后成立了联合图像专家组（JPEG）和运动图像专家组（MPEG）。JPEG 主要致力于静态图像的帧内压缩编码标准 ISO/IEC10918 的制定；MPEG 主要致力于运动图像压缩编码标准的制定。经过专家组不懈的努力，制定了基于第一代压缩编码方法（如预测编码、变换编码、熵编码及运动补偿等）的三种压缩编码国际标准。

人类通过视觉获取的信息量约占总信息量的 70%，而且视频信息具有直观性、可信性等一系列优点。所以，视讯技术中的关键技术就是视频技术。视频技术的应用范围很广，如网上可视会议、网上可视电子商务、网上政务、网上购物、网上学校、远程医疗、网上研讨会、网上展示厅、个人网上聊天、可视咨询等业务。但是，以上所有的应用都必须依赖数据压缩技术。否则，传输的数据量之大，单纯用扩大存储器容量或提高通信干线的传输速率的办法是不现实的，数据压缩技术是行之有效的解决办法。以压缩形式存储、传输，既节约了存储空间，又提高了通信干线的传输速率，同时可使计算机实时处理音频、视频信息，以保证播放出高质量的视频、音频节目。可见，多媒体数据压缩是非常必要的。多媒体声音、数据、视像等信源数据有极强的相关性，也就是说有大量的冗余信息，数据压缩技术可以将庞大数据中的冗余信息去掉（去除数据之间的相关性），保留相互独立的信息分量。因此，多媒体数据压缩是完全可以实现的。

压缩编码方法可分为两代：第一代基于数据统计，去掉的是数据冗余，称为低层压缩编码方法；第二代基于内容，去掉的是内容冗余，其中基于对象（Object-Based）的方法称为中层压缩编码方法，基于语义（Syntax-Based）的方法称为高层压缩编码方法。基于内容的压缩编码方法代表新一代的压缩方法，也是最活跃的领域，最早是由瑞典的 Forchheimer 提出的，随后日本的 Harashima 等人也展示了不少研究成果。

3.1.4　数字视频压缩的框架

数字视频压缩是将视频图像看成二维波形，综合使用多种无损编码和有损编码技术来消除视频图像序列在时间域和空间域上的冗余，从而达到数据压缩的目的。数字视频压缩框架如图 3-1 所示。

不同的编码之间存在不同的差别，但大多使用了基本相同的算法思想，如基于运动降低时间冗余，基于变换降低空间冗余。由此，帧内预测、帧间预测在视频编码中发挥着非常重要的作用。

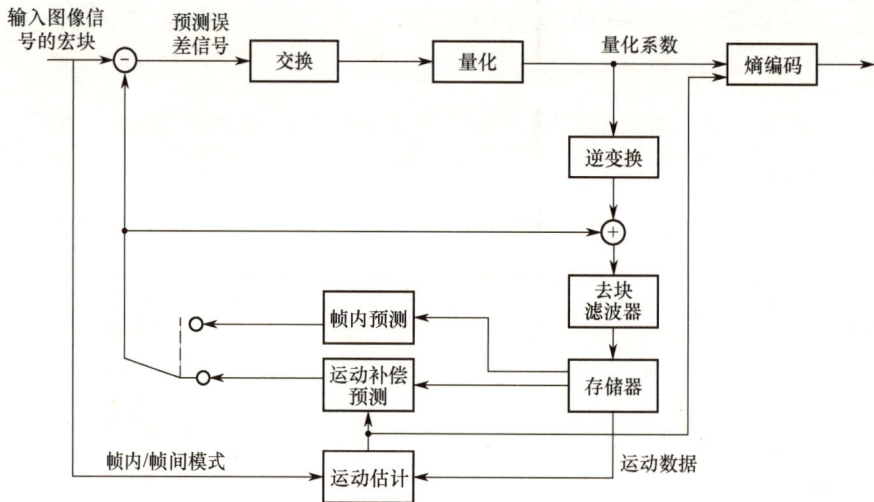

图 3-1　数字视频压缩框架

3.2　预测编码

视频帧内相邻行、列像素有相关性，相邻视频帧有相关性；传输或存储视频数据有很大的冗余。编码时，测算视频数据的相关性，尽量去除冗余数据，这就是预测编码。

3.2.1　DPCM 编码

存储或传输视频图像数据时，不传视频的实际数据，而只传实际数据与预测数据的差值，解码端将生成的预测数据与差分数据相加，即源视频数据（理论上），此为预测编码的本质。其中，将差分数据量化和编码，这就是 DPCM（Differential Pulse Code Modulation，差分脉冲编码调制）编码。

DPCM 系统组成框图如图 3-2 所示，DPCM 系统的输入信号 X_n 是 PCM 图像信号，对于每个输入样值（像素）X_n，预测器会产生一个预测值：

$$\hat{X}_n = a_1 X_{n-1} + a_2 X_{n-2} + \cdots + a_m X_{n-m}$$

式中，a_1、a_2、…、a_m 为预测系数；X_{n-1}、X_{n-2}、…、X_{n-m} 为 t_n 前传来的样值。

如果参考样值与 X_n 处于同一行内，则称为一维预测；如果参考样值还有相邻行，则称为二维预测；如果存在相邻帧的样值，则称为三维预测。

发送或存储的预测误差 $e_n = X_n - \hat{X}_n$。

在接收端或读取恢复处理过程中，将 e_n 和预测值 $\hat{X}_n$ 相加即得 X_n 的值。

DPCM 系统所发送的是预测误差的编码（当然比实际像素所用的数据量少得多），但在实际系统中量化器所带来的量化误差会使接收端得不到原来的像素，所以，必须使发送端和接收端采用相同的预测公式和参考样值（收发同步），即 $X'_n = e'_n + \hat{X}_n$（X'_n 为解码后的像素数据）。

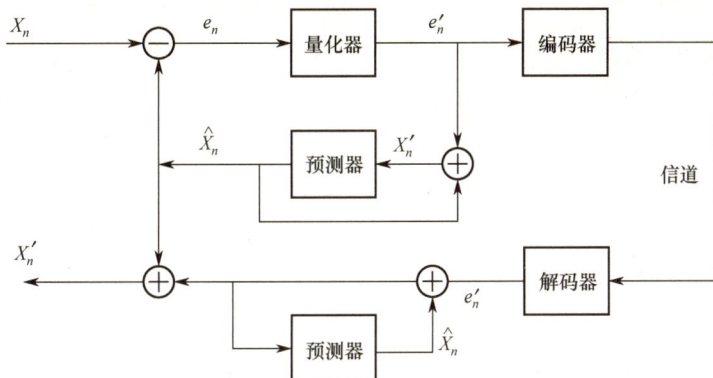

图 3-2　DPCM 系统组成框图

3.2.2　帧内预测编码

对于一帧数据，为了降低码率，对于帧内将要处理的编码块，可只对该块与参照块（或相邻点）按一定算法得出的预测值与该块真实值的差值（差分数据）进行编码处理，如图 3-3 所示。

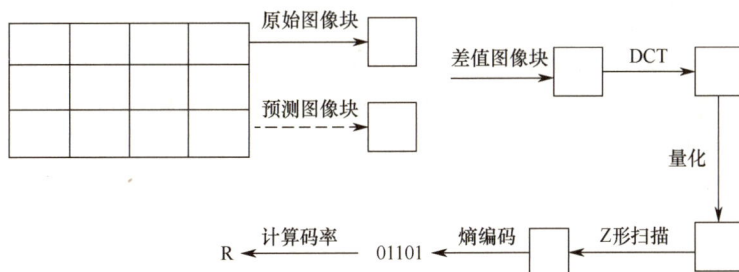

图 3-3　帧内预测编码

预测编码的关键是如何选择一种足够好的预测模型（算法），使预测值尽可能与当前处理的像素实际值接近（从而使差分数据量更少）。只采用一行内像素间的相关性进行预测称为一维预测编码，如果同时利用行内与行间相关性进行预测，则称为二维预测编码，目前的编码标准所用的帧内预测都是基于块的，即利用相邻行、列（空间）像素的相关性进行预测编码。

1. 基于块的帧内预测

根据相邻块重建图像的像素值，对当前块的像素进行预测，得到预测图像块，原始图像块与预测图像块之间进行相减得到差值图像块；最后，对该差值图像块进行变换（DCT）、量化、

31

Z形扫描和熵编码，生成码流。由此可见，与传统的帧内预测编码相比，在帧内预测编码中进行数学变换的图像块是差值图像块。相比而言，变换后的系数中DC（直流）系数幅度变小、AC（交流）系数中零系数的百分比增加。经过熵编码后，生成的比特数减少，输出的码流变小，从而获得更大的压缩比和更高的编码效率。

2. 块匹配法

块匹配法的基本思想是将当前帧分成若干个大小相同的块，对每个块（当前块）分别在参考帧中的一定区域（搜索窗）内，按照一定的匹配准则搜索与之最接近的块（预测块），预测块与当前块间的位移称为运动矢量，像素间的差值称为残差块，预测块与当前块之间通过匹配准则函数得到的值称为块失真度（BDM），当前帧中的每一块都可用一个残差块和一对运动矢量来表示。

显然，残差块的值越小就越有利于图像压缩，因此运动估计的主要目标就是使预测块与当前块之间的块失真度尽量小。搜索窗的尺寸即搜索范围的选取对搜索结果有很大的影响，搜索范围越大，得到更小残差块的可能性就越大，同时会带来更大的时间开销，通常选择的搜索范围有 ±8、±16、±32 和 ±48。

3.2.3　帧间预测编码

编码时能充分利用视频图像在时间轴方向的相关性进行压缩编码，就有望获得更高的压缩比，这就是帧间预测编码。

1. 块的分割

如果采用像素递归匹配，则运算量过大。所以采用块匹配法，划分块过大，同样匹配运算点过多，运算量大；如果划分块过小，残差数据抖动又大，则块的划分一般采用 16×16 子块的算法。

2. 匹配搜索

衡量最佳匹配有不同的准则，常用的有平均绝对差值（Mean Absolute Difference，MAD）最小准则、均方误差（Mean Square Error，MSE）最小准则和归一化互相关函数最大准则。综合运算量成本考虑，一般采用 MAD 最小准则作为搜索到邻帧特征目标块的依据。

MAD 最小准则定义为

$$\text{MAD}(i,j) = \frac{1}{MN} \sum_{m-1}^{M} \sum_{n-1}^{N} \left| S_K(m,n) - S_{K-1}(m+i, n+j) \right|$$

式中，$S_k(m,n)$ 为第 K 帧位于 (m,n) 的像素值；$S_{K-1}(m+i,n+j)$ 为第 $K-1$ 帧位于 $(m+i,n+j)$ 的像素值。i,j 分别为水平和垂直方向的位移量，取值范围分别为 $-dx_{max} \leqslant i \leqslant dx_{max}$，$-dy_{max} \leqslant j \leqslant dy_{max}$。

若在某一个点 (i,j) 处 MAD(i,j) 最小，则该点就是要找的最佳匹配点，如图 3-4 所示。

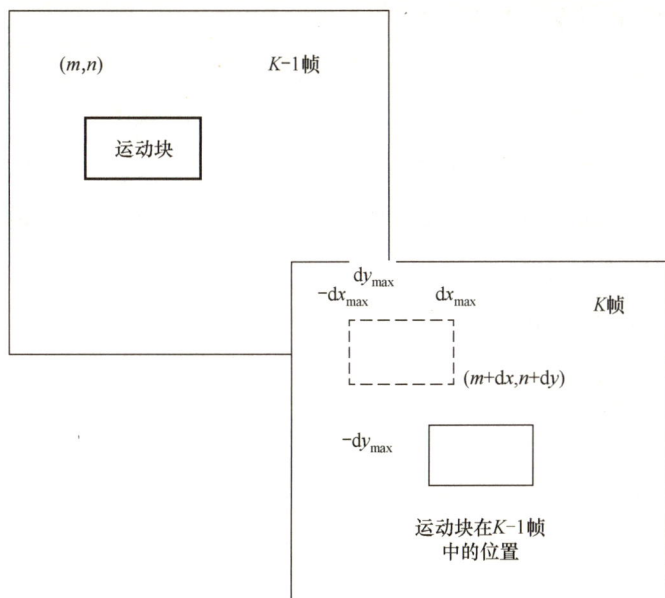

图 3-4　特征块的搜索及运动矢量

3. 相邻帧间特征块的差分数据及运动补偿

当前帧与参照帧特征块像素分量差分数据即编码处理的数据，接收端或解码端将差分数据解码后与参考帧特征块像素分量数据相加，则为当前帧特征块的像素数据；再根据运动矢量确定特征块所在位置，此过程也称为运动补偿。

对于 K 帧，只需要存储或传输的量为与 $K-1$ 帧特征块的差值及相对 $K-1$ 帧的运动矢量。这样就可大大减少数据量，降低视频码率。

3.3　空间域像素的变换

无论帧内预测还是帧间预测，差分数据量都比较大，存储或传输都有很大的压力。考虑能否通过视频图像数据进行变换运算进一步减小（压缩）数据率，此为本节讨论的内容。

3.3.1　变换的基本原理

在一幅视频图像中，各个相邻像素点之间存在很大的相关性，在时间域难以进行有效的压缩。如果将图像通过有效方法变换到频域，则将产生相关性较小的变换系数。如果所选的正交矢量空间的基矢量与图形的特征矢量很接近，那么，正交矢量空间中变换系数的相关性基本消除，近似统计独立，图像的大部分能量主要集中在直流和少数低空间频率的变换系数上。通过选择保留对重建图像质量重要的变换系数，先放弃一些无关紧要的变换系数，再对其进行适当量化和熵编码，就可对图像数据量进行有效压缩。

大部分情况下，高频部分系数大都接近零值，高频部分对图像质量影响不大，通过量化和编码可以丢弃这些系数，从而达到压缩的目的，如图 3-5 所示。最为常见的变换方法是 KL 变换（Karhunen-Loeve Transform，KLT）、离散余弦变换（Discrete Cosine Transform，DCT）和离散小波变换（Discrete Wavelet Transform，DWT）。KL 变换是均方误差准则下的最优变换，但是实现困难；DCT 是次最优变换，性能接近 KL 变换，具有有效的快速算法，广泛应用于图像压缩领域；DWT 变换有很多优点，逐渐应用于图像压缩、医学成像等方面。

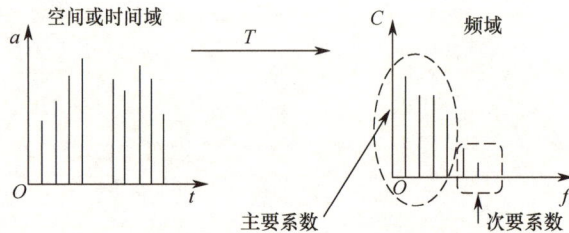

图 3-5　视频数据域变换示意图

3.3.2　DCT 编码

1974 年，N. Ahmed 等人提出 DCT。DCT 是一种空间变换，能够将图像能量集中于少数低频 DCT 系数上，所以只编码和传输少数系数并不严重影响图像质量。DCT 不能直接对图像产生压缩作用，但是对图像的能量具有很好的集中效果，为压缩打下基础。一帧图像内容以不同的亮度和色度像素分布体现出来，这些像素的分布依图像内容而变，毫无规律可言，但是通过 DCT，像素的分布就有了规律，代表低频成分的像素分布于左上角，像素的频率成分越高越向右下角分布。根据人眼视觉特性，去掉一些不影响图像基本内容的高频分量（细节），达到压缩码率的目的。DCT 与其他方式结合进行压缩编码，已广泛应用于各种图像压缩编码标准中。

1. 一维 DCT 原理

$$F(k)=C(k)\sqrt{\frac{2}{N}}\sum_{n=0}^{N-1}f(n)\cos\left[\frac{\pi(2n+1)k}{2N}\right],\ C(k)=\begin{cases}1,\ 1\leqslant k\leqslant N-1\\ \frac{1}{\sqrt{2}},\ k=0\end{cases}\qquad(3\text{-}1)$$

引入常量 $C(k)$ 是为了保证变换基的规范正交性。

式（3-1）可以用矩阵 $\boldsymbol{Y}=\boldsymbol{CX}$ 来表示，$\boldsymbol{C}$ 为 DCT 矩阵。图 3-6 所示为 DCT 过程和各种成分的组成关系。

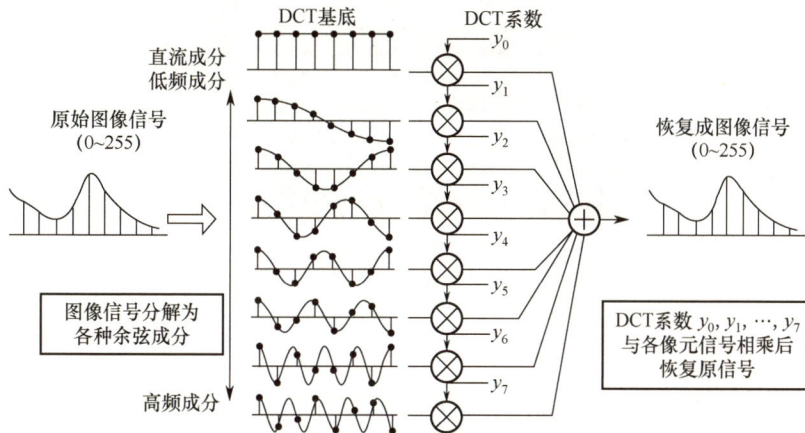

图 3-6　DCT 过程和各种成分的组成关系

2. 二维 DCT 原理

设一个大小为 $N \times N$ 的图像块，像素值的分布函数为 $f(x, y)$，则

$$F(u,v) = \sqrt{\frac{2}{N}}C(v)\sum_{x=0}^{n-1}\left[\sqrt{\frac{2}{N}}C(u)\sum_{y=0}^{n-1}f(x,y)\cos\frac{(2n+1)u\pi}{2N}\right]\cos\frac{(2n+1)v\pi}{2N} \qquad (3\text{-}2)$$

这里 u、v、x、$y= 0,1,2,\cdots,N-1$，其中 x、y 是像素域的空间坐标，u、v 是变换域的坐标。

$$C(u),\ C(v) = \begin{cases} \dfrac{1}{\sqrt{2}}, & u、v = 0 \\ 1, & 其他 \end{cases}$$

二维 DCT 可以分解成两次一维 DCT 来完成，先对图像的每一行进行一维 DCT，再对每一列进行一维 DCT，得到最终结果：

$$Z(u,v) = \sqrt{\frac{2}{N}}\sum_{i=0}^{N-1}C(u)Y(v,i)\cos\frac{(2i+1)u\pi}{2N}$$

$$Z(v,i) = \sqrt{\frac{2}{N}}\sum_{j=0}^{N-1}C(u)Y(v,j)\cos\frac{(2j+1)v\pi}{2N}$$

写成矩阵形式为 $\boldsymbol{Z}=\boldsymbol{CY}$，$\boldsymbol{Y}=(\boldsymbol{XC})\boldsymbol{T}$。

8×8 二维 DCT 逆变换的函数为 $C(u)C(v)\cos\dfrac{(2x+1)u\pi}{16}\cos\dfrac{(2y+1)v\pi}{16}$，按 u、v 分别展开后得到 64 个 8×8 的图像块（组），称为基图像，如图 3-7 所示。

图 3-7　8×8 二维 DCT 频域（纵横方向变换率）像素变换图

DCT 过程是把一个图像块表示为基图像的线性组合，基图像是输入图像块的频率组合（如 0、1 反转频率）。DCT 输出 64 个基图像的幅值称为 DCT 系数，也就是输入图像块的频谱。

N 代表像素数，一般 $N=8$，8×8 的二维数据块经过 DCT 后变成 8×8 个变换系数，这些系数都有明确的物理意义，U 代表水平像素号，V 代表垂直像素号。当 $U=0$、$V=0$ 时，$F(0,0)$ 是原 64 个样值的平均，相当于直流分量；随着 U、V 值增加，相应系数分别代表逐步增加的水平空间频率分量和垂直空间频率分量的大小。

3.3.3　变换系数的量化

DCT 本身并不能进行码率压缩，因为 64 个样值仍然得到 64 个系数，在经过量化后，特别是按人眼生理特征对低频分量和高频分量设置不同的量化，会使大多数高频分量的系数变为零。一般来说，人眼对低频分量比较敏感，而对高频分量不太敏感。因此对低频分量采用较细的量化，而对高频分量采用较粗的量化。DCT 使用量化矩阵很容易对图像的压缩质量进行控制，用户可根据具体的硬件存储容量和所需要的图像质量，选择合适的量化值。

例 3-1：8×8 点阵图像数据的 DCT 及量化。

```
I=[  52   122   61    66    70    61    64    73
     63    59   66    90   109    85    69    72
     62    59   68   113   144   104    66    73
     63    58   71   122   154   106    70    69
     67    61   68   104   126    88    68    70
     79    65   60    70    77    63    58    75
     85    71   64    59   130    61    65    83
     87    79   69    68    65    76    78    94];//8×8点阵图像数据
>>  D= dct2(I);// 二维 DCT
```

L

```
DI=round（D/12）；量化取整
disp（DI）；
      52     -2     -6      2      5     -4     -1      1
       1      0     -3      0     -1     -1     -1     -2
      -2      2      6     -2     -3     -1     -1     -1
      -3      2      3     -1     -1     -1     -1      0
       1      0      0     -1     -2      0     -1     -2
       1      0     -1      0      0     -2     -1      1
      -1      1      2     -1     -1      0      0     -2
       1      0     -1      0      0     -1     -1      1
```

8×8 的 DCT 矩阵系数进行量化后，会产生很多为 0 的值，而舍弃这些 0 值，在解压缩图像时，并不会使画面质量显著下降，并且由经验可知，连续的 0 值越多，编码效率越高。

为了积累图像中的 0 值，首先，采用游程编码（Run-Length Encoding，RLE）算法对量化后的交流系数进行压缩；其次，为了增加 0 的游程长度，采用曲回排序，即 Z 形扫描，对量化系数进行重新排序；最后，熵编码可采纳平均压缩比最高的哈夫曼（Huffman）编码。一般取 $N=8$，N 大于 8 时效率增加不多而复杂性大为增加。

3.4　视频熵编码

熵编码技术去除信源符号中统计冗余，包括视频变换系数、运动矢量和模式信息等辅助信息。视频熵编码是最小化表示视频所用的比特数，包括参考像素点及预测差值量化后的比特数。

视频变长编码技术主流主要采用指数哥伦布编码（Exp-Golomb Code，EGC），因其编码复杂度比哈夫曼编码复杂度低，编解码软硬件易于实现；新兴的视频编码标准中，视频熵编码将算术编码作为视频熵编码的主要选择，虽然复杂度较高，但随着芯片算力增强，相对复杂度越来越低。

视频熵编码以宏块或内容（关联性）进行切分，从宏块类型（macroblock+type）开始，包括帧内运动矢量模式、各种编码标志及图像的残留数据在内的所有图像数据都基于上下文的自适应二进制算术编码（Context-based Adaptive Binary Arithmetic Coding，CABAC）。

本节主要介绍哈夫曼编码、二元游程编码及算术编码。

3.4.1　哈夫曼编码

哈夫曼编码是一种无失真的、最佳变长信源熵编码。哈夫曼编码效率比较高，平均码长接近于熵值。随着集成电路技术的发展，哈夫曼编码被集成到电路中，被很多标准采用。具体编码算法如下。

（1）将信源符号按概率由大到小顺序排队。

（2）给两个概率最小的符号各分配一个码位，将其概率相加后合并作为一个新的符号，与剩下的符号一起，再重新排队。

（3）给缩减信源中概率最小的符号各分配一个码元。

（4）重复步骤（2）、（3）直至概率和为1。

哈夫曼编码的方法不是唯一的。首先，每次对缩减信源两个最小的符号分配"0"和"1"码元是任意的，所以可得到不同的码字。只要在各次缩减信源中保持码元分配的一致性，即能得到可分离码字。不同的码元分配，得到的具体码字不同，但平均码长都不变，所以没有本质区别；其次，若合并后的新符号的概率与其他符号的概率相等，则从编码的方法上来说，这几个符号的次序可任意排列，编出的码都是正确的，但得到的码字不同。不同的编法得到的码字长度也不尽相同。

对信源进行缩减时，两个概率最小的符号合并后的概率与其他信源符号的概率相同时，这两者在缩减信源中进行概率排序，两者位置放置次序是可以任意的，故会得到不同的哈夫曼编码；同时将影响码字长度，如合并的概率放下面（方法一），则平均码长的最小方差较大；一般将合并的概率放在相同符号概率的上面（方法二），即给当前未分配过码元的概率最小的符号分配码元，这样可获得较小的码长方差。

例 3-2：设有离散无记忆信源

$$\begin{bmatrix} x \\ P(X) \end{bmatrix} = \begin{bmatrix} x_1 & x_2 & x_3 & x_4 & x_5 \\ 0.4 & 0.2 & 0.2 & 0.1 & 0.1 \end{bmatrix}$$

用两种不同的方法对其编二进制哈夫曼编码。

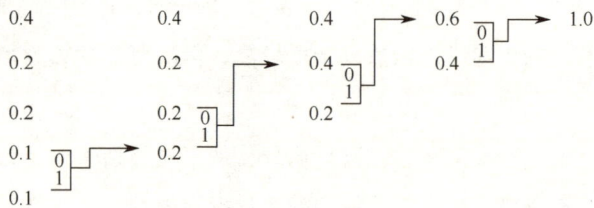

两种方法对应符号的码字、码长如表3-1所示。

表 3-1　两种方法对应符号的码字、码长

信源符号 x_i	概率 $p(x_i)$	码字 W_{i1} 方法一	码长 K_{i1} 方法一	码字 W_{i2} 方法二	码长 K_{i2} 方法二
x_1	0.4	1	1	00	2
x_2	0.2	01	2	10	2
x_3	0.2	000	3	11	2
x_4	0.1	0010	4	010	3
x_5	0.1	0011	4	011	3

平均码长和编码效率为

$$\overline{K} = \sum_{i=1}^{7} p(a_i) K_i = 2.2$$

码元 / 符号为

$$\eta = \frac{H(X)}{K} = 0.965$$

两种方法编出的码字的码长方差比较如下：

$$\sigma_l^2 = E(K_i - \overline{K}) = \sum_{i=1}^{q} p(a_i)(k_i - \overline{K})^2$$

$$\sigma_{l1}^2 = 1.36$$

$$\sigma_{l2}^2 = 0.16$$

可以看出，方法二的码长方差要小许多。这意味着方法二的码长变化较小，比较接近平均码长。

由此可以得到一个结论（怎样得到码长方差较小的哈夫曼编码）：进行哈夫曼编码时，为得到码长方差最小的码，应使合并的信源符号位于缩减信源序列尽可能高的位置上，以减少再次合并的次数，充分利用短码。

3.4.2　二元游程编码

游程变换减弱了原序列符号间的相关性。游程变换将二元序列变换成了多元序列，这样就适合于用其他方法，如哈夫曼编码，进一步压缩信源，提高通信效率。

编码方法如下。

首先测定"0"游程长度和"1"游程长度的概率分布，即以游程长度为元素，构造一个新的信源；对新的信源（游程序列）进行哈夫曼编码。多元序列可以变换成游程序列，如 m 元序列可有 m 种游程。但是当变换成游程序列时，需要增加标志位才能区分游程序列中的"长度"是 m 种游程中的哪个长度，否则，变换就不可逆。这样，增加的标志位可能会抵消压缩编码得到的好处。所以，对多元序列进行游程变换的意义不大。

3.4.3　算术编码

1976 年，沿着香农-费诺-埃利斯码的编码思路，里斯桑内（J.Rissanen）提出了一种可以成功逼近信源熵极限的编码方法——算术编码。1982 年，他和兰登（G.G.Langdon）一起将算术编码系统化，并省去了乘法运算，使其更为简化、易于实现。算术编码是一种非分组码，它从整个信源序列的概率匹配出发，考虑符号之间的依赖关系来进行编码。

与香农-费诺-埃利斯码信源符号的累积分布函数一样，在算术编码中，信源符号序列的累

积分布函数 $F(s)$ 将区间 [0,1] 分成许多互不重叠的小区间，每组符号序列对应于不同的区间，在小区间内取一个点，将其二进制小数点后的 L 位作为信源序列的编码结果。如前所述，这样编出来的码字必为即时码，这就是算术编码的基本思想。

下面将讨论算术编码的方法，首先介绍如何计算信源序列的累积分布函数。

设信源为

$$\begin{bmatrix} x \\ P(X) \end{bmatrix} = \begin{bmatrix} x_1 & x_2 & \cdots & x_q \\ P(x_1) & P(x_2) & \cdots & P(x_q) \end{bmatrix}$$

定义信源符号累积分布函数为

$$F(x_i) = \sum_{k=1}^{i-1} P(x_k) \quad x_i、x_k \in S \tag{3-3}$$

初始时，令 $F(\phi)=0$，则

$$F(x_1)=0, \quad F(x_2)=P(x_1), \quad F(x_3)=F(x_2)+P(x_2), \quad F(x_k)=F(x_{k-1})+P(x_{k-1}) \tag{3-4}$$

可见，$F(x_i)$ 将区间 [0,1] 分为 q 个子区间，每个子区间的宽度为 $P(x_k)$。

1. 二元无记忆信源算术编码

如果只有一个信源符号，则分布函数 $F(0)=0$，因为二元符号 {0,1}，不妨设 $F(1)=P(0)$。区间 [0,1] 由 $F(1)$ 分为 [0,F(1)] 和 [F(1),1] 两个子区间，两个子区间的宽度分别为 $W(0)=P(0)$ 和 $W(1)=P(1)$，如图 3-8（a）所示。如果第一个信源符号为 0，则落入区间 [0,F(1))，否则落入区间 [F(1),1]。

如果第一个信源符号为 0，输入第二个信源符号时，区间 [0,F(1)) 划分为两个区间，则宽度分别为 $W(00)=W(0)P(0)$ 和 $W(01)=W(0)P(1)$，区间的分隔线为 $F(“0”)+W(0)P(0)$。假设第二个信源符号为 1，则信源序列 $s=(01)$ 所对应的区间是 $[F(“0”)+W(0)P(0),F(1)]$。容易看出，$F(“01”)=F(“0”)+W(0)P(0)=F(“0”)+P(0)F(1)$，如图 3-8（b）所示，所以 $s=(01)$ 所对应的区间可描述为 $[F(“01”),F(1)]$。

如果前两个信源符号 $s=(01)$，输入第三个信源符号时，则区间 $[F(s_i),F(1))$ 划分为 $[F(s_i,0), F(s_i,1)]$ 和 $[F(s_i,1),F(1)]$ 两个区间，由图 3-8（c）可得对应两区间为 $[F(s_i),F(s_i)+P(01)P(0)]$ 和 $[F(s_i)+P(01)P(0),F(1)]$，即 $[F(“01”),F(“011”)]$ 和 $[F(“011”),F(1)]$。可容易推出：

$$F(s_i,0)=F(s_i)+P(01)F(0)=F(s_i) （此处为 F(“01”)）$$

$$F(s_i,1)=F(s_i)+P(01)P(0)=F(s_i)+P(s_i)F(1)$$

宽度分别为 $W(010)=P(0)P(1)P(0)=W(s_i)P(0)$ 和 $W(011)=P(0)P(1)P(1)=W(s_i)P(1)$。当输入第三个信源符号为 1 时，信源序列为 $(s_i,1)=(011)$；当输入第三个信源符号为 0 时，信源序列为 $(s_i,0)=(010)$。

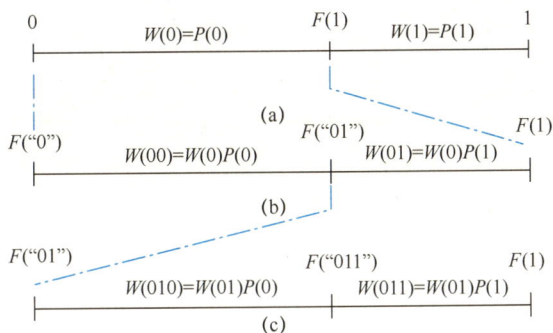

图 3-8　累积概率区间分布图

依次类推，新信源序列的累积分布函数 $F(s_i, x_k)$ 和信源序列的概率 $P(s_i, x_k)$ 的递推公式为

$$\begin{cases} F(s_i, x_k) = F(s_i) + P(s_i)F(x_k) \\ W(s_i, x_k) = P(s_i, x_k) = P(s_i)P(x_k) \end{cases} \tag{3-5}$$

式中，s_i——信源序列 $s_i = x_{i_1} x_{i_2} \cdots x_{i_N}$，$x_{i_k}(k = 1, 2, \cdots, N) \in S = \{x_1, x_2, \cdots, x_q\}$；

$F(s_i, x_k)$——信源序列 s_i 添加一个新的信源符号 x_k 后所得到的新序列 (s_i, x_k) 的累积分布函数；

$P(s_i)$——信源序列 s_i 的概率；

$F(x_i)$——信源符号 x_i 的累积分布函数；

$P(s_i, x_k)$——信源序列 s_i 添加一个新的信源符号 x_k 后所得到的新序列 (s_i, x_k) 的概率；

$P(x_i)$——信源符号 x_i 的概率。

类似于香农–费诺–埃利斯码，将 $F(s_i)$ 写成二进制小数，取小数点后 L 位，若后面有尾数就进位到第 L 位，L 应满足：

$$\log_2 \frac{1}{P(s_i)} \leqslant L < \log_2 \frac{1}{P(s_i)} + 1 \tag{3-6}$$

这样得到的 L 位二元码即信源序列 s_i 的编码结果。

算术编码的步骤总结如下：

① 按照式（3-5）计算信源符号的累积分布函数。

② 初始时，设 $s_i = \Phi$，$F(\Phi) = 0$，$P(\Phi) = 1$，其中 Φ 表示空集。

③ 按照式（3-5）计算信源序列的累积分布函数 $F(a, s_i)$ 和信源序列的概率 $P(s_i, x_k)$。

④ 确定满足式（3-6）的整数码长 L。

⑤ 将 $F(s_i)$ 变换成二进制小数，取二进制小数的小数点后 L 位作为信源序列 s_i 的二进制码字，若后面有尾数就进位到第 L 位。

由式（3-6）可知，算术编码的平均码长应满足：

$$\frac{H(x_1 x_2 \cdots x_N)}{k} \leqslant \frac{\overline{L}_k}{k} < \frac{H(x_1 x_2 \cdots x_k)}{k} + 1 \qquad (3\text{-}7)$$

式中，N 为信源序列长度。可见，随着 N 的增加，算术编码的平均码长趋于极限值，编码效率趋于 1。

例 3-3：已知二元无记忆信源

$$\begin{bmatrix} s \\ P(s) \end{bmatrix} = \begin{bmatrix} 0 & 1 \\ \dfrac{1}{4} & \dfrac{3}{4} \end{bmatrix}$$

求信源序列 $s=0101$ 的算术编码。

解：

信源符号的累积分布函数如表 3-2 所示。

表 3-2　例 3-3 信源符号的累积分布函数

符号	概率 $P(x_i)$	信源符号的累积分布函数 $F(x_i)$
0	1/4	0
1	3/4	1/4

符号序列的累积分布及序列概率如表 3-3 所示。

表 3-3　例 3-3 符号序列的累积分布及序列概率

序列	$F(s_i)$	$P(s_i)$
Φ	0	1
0	0	1/4
01	3/64	3/16
010	3/64	3/64
0101	57/1024	9/256

以信源序列 0101 为例，表 3-3 中数据的计算方法如下。

$$P(0101) = \left(\frac{3}{4}\right)^2 \left(\frac{1}{4}\right)^2 = \frac{9}{256}$$

$$L = \left\lceil \log_2 \frac{1}{P(0101)} \right\rceil = 4$$

$$F(0101) = \frac{57}{1024}$$

因为 57/1024=(0.000 011)$_2$，后面位数四舍五入，由此得序列 0101 的算术编码的结果为 0001。

在实际应用中，需要两个存储器将 $F(s_i)$ 和 $P(s_i)$ 存储起来。每当输入一个新的信源符号，则利用式（3-5）来更新两个存储器的内容。因为需要用到乘法运算和加法运算，所以该编码方法称为算术编码。

需要指出的是，算术编码同样适用于具有相关性的序列，只是需要将式（3-5）中的单符号概率改成条件概率。

最终序列 s 对应的区间为 $[F(s_i),F(s_i)+P(s_i)]$，例 3-3 中的 $s=0101$ 对应的区间二进制表示为 $[0.0\,000\,110,0.000\,101)$。可见码字 $C=0001$ 是区间内的一点；参见图 3-8 累积概率区间分布图。

算术编码的译码采用逐次比较的方法，以二元无记忆信源序列为例，设 s_i 为前面已经译出的序列，则 $P(s_i)$ 表示序列 s_i 对应的宽度，$F(s_i)$ 是序列 s_i 的累积分布函数，即 s_i 对应区间的下界。$P(s_i)P(0)$ 是此区间内下一个输入为符号 0 所占的子区间宽度，因此每次比较 $C-F(s_i)$ 与 $P(s_i)P(0)$，就可输出一个信息符号 0 或 1。译码规则为如果 $C-F(s_i)<P(s_i)P(0)$，则译码输出符号为 0，否则译码输出符号为 1。

2. 多元符号算术编码

算术编码同样适用于多元信源序列，下面通过一个例题来理解。

例 3-4：已知信源

$$\begin{bmatrix} x \\ P(x) \end{bmatrix} = \begin{bmatrix} a & b & c \\ 0.5 & 0.3 & 0.2 \end{bmatrix}$$

求信源序列 $s=caba$ 的算术编码。

解：

信源符号的累积分布函数如表 3-4 所示。

表 3-4　例 3-4 信源符号的累积分布函数

符号	概率 $P(x_i)$	信源符号的累积分布函数 $F(x_i)$
a	0.5	0
b	0.3	0.5
c	0.2	0.8

符号序列的累积分布及序列概率如表 3-5 所示。

表 3-5　例 3-4 符号序列的累积分布及序列概率

序列	$F(s_i)$	$P(s_i)$
Φ	0	1
c	0.8	0.2
ca	0.8	0.1

序列	$F(s_i)$	$P(s_i)$
cab	0.85	0.03
cabc	0.85	0.015

第 1 次输入符号 "*c*" 时：

$$F(\text{"}c\text{"}) = F(\Phi) + P(\Phi)F(c) = 1 \times 0.8 = 0.8$$
$$W(c) = P(c) = 0.2$$

第 2 次输入符号 "*a*" 时：

$$F(\text{"}ca\text{"}) = F(\text{"}c\text{"}) + P(c)F(a) = 0.8 + 0.2 \times 0 = 0.8$$
$$W(ca) = P(ca) = 0.1$$

第 3 次输入符号 "*b*" 时：

$$F(\text{"}cab\text{"}) = F(\text{"}ca\text{"}) + P(ca)F(ab) = 0.8 + 0.1 \times 0.5 = 0.85$$
$$W(cab) = 0.03$$

第 4 次输入符号 "*a*" 时：

$$F(\text{"}caba\text{"}) = F(\text{"}cab\text{"}) + P(cab)F(a)0.85$$
$$W(caba) = 0.015$$

序列 "*caba*" 累积概率区间分布图如图 3-9 所示。

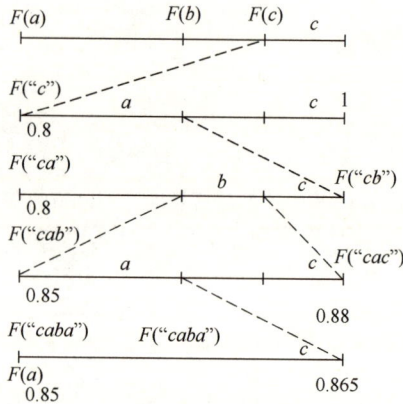

图 3-9　序列 "*caba*" 累积概率区间分布图

序列编码落在 $(F(\text{"}caba\text{"}), F(\text{"}caba\text{"}), F(\text{"}caba\text{"}))$ 间，即 $(0.85, 0.865)$ 间的二进制序列码，码长

为 $L = \left\lceil \log_2 \dfrac{1}{P(caba)} \right\rceil = 7$。

序列码字可取为 1101101。

【习题 3】

1. 熵编码前的帧内预测和帧间预测的目的是什么？以什么为开销代价？（从软硬件实现的角度）

2. 用 MATLAB 函数 dct2 对例 3-1 的 8×8 像素数据

$$I=\begin{bmatrix} 52 & 122 & 61 & 66 & 70 & 61 & 64 & 73 \\ 63 & 59 & 66 & 90 & 109 & 85 & 69 & 72 \\ 62 & 59 & 68 & 113 & 144 & 104 & 66 & 73 \\ 63 & 58 & 71 & 122 & 154 & 106 & 70 & 69 \\ 67 & 61 & 68 & 104 & 126 & 88 & 68 & 70 \\ 79 & 65 & 60 & 70 & 77 & 63 & 58 & 75 \\ 85 & 71 & 64 & 59 & 130 & 61 & 65 & 83 \\ 87 & 79 & 69 & 68 & 65 & 76 & 78 & 94 \end{bmatrix}$$

进行 DCT 及其逆变换，量化等级取 10，保留 15 个 DCT 系数。

计算重建图像 J 与原图像 I 的均方误差，比较两者差异（仍用矩阵表示）。

3. 设有离散无记忆信源

$$\begin{bmatrix} x \\ P(x) \end{bmatrix} = \begin{bmatrix} x_1 & x_2 & x_3 & x_4 & x_5 & x_6 & x_7 \\ 0.3 & 0.2 & 0.2 & 0.1 & 0.1 & 0.05 & 0.05 \end{bmatrix}$$

用两种不同的方法对其编二进制哈夫曼编码。分别求其码字、平均码长、各自平均码长的方差。

4. 以例 3-4 信源符号 a、b、c 概率分布

$$\begin{bmatrix} x \\ P(x) \end{bmatrix} = \begin{bmatrix} a & b & c \\ 0.5 & 0.3 & 0.2 \end{bmatrix}$$

求信源序列 $s=baca$ 的算术编码。

第 4 章　视频图像质量评价与率－失真理论

知识点：

　　◇ 图像失真分类

　　◇ 视频图像质量评价方法

　　◇ 视频编码中的量化与失真

　　◇ 率－失真与码率控制

　　图像是视觉信息存储和传播的主要载体，应该能够真实、完整地记录人们所观察到的场景。受拍摄设备和拍摄条件的影响，图像内容所反映的场景与真实场景之间会存在差异。此外，在进行图像压缩或传输时，会因为信息损失或数据丢失造成图像和原始图像之间存在差异。无论是哪种情况下产生的差异，都称之为失真。失真会影响图像质量，通常情况下，失真程度越高，质量越差；反之，质量越好。失真的存在不仅影响用户的感官体验，而且会降低图像的应用效率。降低失真、提高图像质量，对于提升图像的应用效率具有重要意义。对图像质量进行客观、合理的评价，从而真实反映失真程度，并将评价结果用于指导图像采集、处理系统的性能优化，为系统设计和性能评价提供参考指标。

4.1　图像失真分类

　　图像从采集、成像到后期处理和传输的过程中会受到拍摄失焦、压缩损失、网络拥塞等影响，这些影响都会引起失真，常见的失真有以下几种。

- 器件噪声：光学器件在接收光信号并输出的过程中产生的异常像素。根据噪声的分布和统计特征，成像系统的噪声源可分为散粒噪声和脉冲噪声等。

- 运动模糊：长时间曝光过程中成像设备与成像场景的相对运动而导致图像内容模糊。

- 散焦模糊：光学镜头失焦、气流流动、短时间曝光而造成成像后的图像内容模糊。

- 块效应：在图像压缩过程中，以分块方式处理图像，应用了量化操作而导致信息损失，造成压缩后相邻图像块边缘不连续。

- 振铃效应：图像压缩过程中像素剧烈变化处产生明显振荡，主要原因是压缩过程中频域变换后对高频系数的量化操作导致高频信息的缺失。

- 传输错误：图像在传输过程中会因掉包或封包错误造成数据接收端信息缺失，无法完整重建图像。

4.2　视频图像质量评价方法

对视频图像质量进行评价能够衡量图像的失真程度，质量评价的目标是对失真进行定量的评定，评价内容涉及图像的清晰度、色彩保真度、对比度、亮度等。

视频图像质量评价方法主要分为主观质量评价法和客观质量评价法。

4.2.1　主观质量评价法

主观质量评价法依靠评测者对图像进行观察和打分来实现。在进行主观质量评价时，评测者会根据既定的评价标准或个人经验，对测试图像的视觉质量进行评估和打分，图像质量的最终评价结果通过对所有人员的分数进行加权平均得到。主观质量评价法建立在评测者主动观察和评判的基础之上，并且评价结果是大量评价结果的统计平均结果，所以主观质量评价法是最符合人类视觉感受的评价方法。

主观质量评价法可分为绝对评价法和相对评价法。绝对评价法是指由评测者根据自己的知识和理解，按照特定评价标准对图像的绝对好坏进行评价。在执行绝对评价时，首先将待评价图像和原始图像按规则交替播放一段时间给评测者观看，然后让评测者评分，最后将所有给出的分值取平均作为待评价图像的分数值。绝对评价法中需要对图像质量进行等级划分并用数值表示，如表 4-1 所示。

表 4-1　绝对评价法标准

分值	失真程度	质量尺度
5	丝毫看不出图像质量变坏	优秀
4	能看出图像质量变坏但不妨碍观看	良好
3	清楚地看出图像质量变坏，对观看稍有妨碍	普通
2	对观看有妨碍	较差
1	非常严重地妨碍了观看	很差

相对评价法中没有原始图像作为参考，由评测者对一组待评价图像进行相互比较，按该组图像的相对优劣进行分级，给出相应的分值，如表 4-2 所示。最后将该组图像中每幅图像所有给出的分值取平均作为图像的分数值。

表 4-2　相对评价法标准

分值	图像质量
5	优秀
4	良好
3	普通
2	较差
1	很差

主观质量评价法需要评测者对所有图像逐一进行打分评判，需要耗费大量时间。评价结果容易受到参与者心理状态、审美认知、图像偏好，以及观看距离、显示设备、照明条件等因素的影响。虽然取平均值能够大幅度减少个别不合理评价分数的影响，但消除这样的影响需要足够多的评测者参与评判。此外，由于无法用数学模型获取主观评价分数，因此评价结果不可重复。综上所述，进行主观质量评价费时费力，并且评价结果易受主观因素影响，没有可重现性，因此限制了主观质量评价法的实际应用性。

4.2.2　客观质量评价法

客观质量评价法不需要评测者参与，因此不受主观因素影响，而且具有可重现性，成为应用最广泛的质量评价方法。客观质量评价法从图像本身特点出发，利用数学模型得到图像质量的量化值，用于质量评价。

客观质量评价法按照是否提供标准参考图像，可以分为全参考质量评价法、部分参考质量评价法和无参考质量评价法三种。全参考质量评价法是最常用的评价方法，也是本书重点介绍的客观质量评价法。

全参考质量评价法建立在客观评价指标的基础之上，常用的客观评价指标有误差平方和（Sum of Squared Error，SSE）、绝对误差和（Sum of Absolute Differences，SAD）、均方误差（Mean Square Error，MSE）、峰值信噪比（Peak Signal-to-Noise Ratio，PSNR）和结构相似性指数（Structural Similarity Index，SSIM）。

假设 I 为待评价图像，K 为参考图像，$I(i,j)$ 和 $K(i,j)$ 分别表示待评价图像和参考图像中位置 (i,j) 处的像素灰度值，W 和 H 分别为图像的宽度和高度。

1. 误差平方和（SSE）

误差平方和是一种基于图像像素统计的质量评价指标，通过计算参考图像像素灰度值和待评价图像像素灰度值差值的平方和得到：

$$SSE = \sum_{i=1}^{H} \sum_{j=1}^{W} [I(i,j) - K(i,j)]^2 \qquad (4\text{-}1)$$

2. 绝对误差和（SAD）

绝对误差和通过计算参考图像像素灰度值和待评价图像像素灰度值差值的绝对值之和得到：

$$\text{SAD} = \sum_{i=1}^{H}\sum_{j=1}^{W}|I(i,j) - K(i,j)| \qquad (4\text{-}2)$$

3. 均方误差（MSE）

均方误差是误差平方和的平均值：

$$\text{MSE} = \frac{1}{H \times W}\sum_{i=1}^{H}\sum_{j=1}^{W}[I(i,j) - K(i,j)]^2 = \frac{1}{H \times W}\cdot\text{SSE} \qquad (4\text{-}3)$$

误差平方和、绝对误差和、均方误差是衡量误差的有效方法，可以评估待评价图像和参考图像的变化程度，值越小说明待评价图像失真程度越低。

4. 峰值信噪比（PSNR）

峰值信噪比是一种基于图像像素统计的质量评价指标，它建立在均方误差的基础之上，包含图像像素的最大灰度值，数学表达式为

$$\text{PSNR} = 10 \times \log_{10}\left[\frac{(2^n - 1)^2}{\text{MSE}}\right] \qquad (4\text{-}4)$$

式中，MSE 为待评价图像与参考图像的均方误差；n 为像素灰度值所用的比特数，则 $2^n - 1$ 为最大灰度值，通常 $n = 8$。峰值信噪比的单位为分贝（dB）。

由峰值信噪比的计算方式可以发现，均方误差越小，峰值信噪比越高，说明待评价图像的失真程度越低。

5. 结构相似性指数（SSIM）

自然图像相邻像素之间有着很强的关联性，这种关联性反映了场景中视觉物体的结构性信息，人类视觉系统已经习惯于从自然图像中提取结构化信息。因此，结构相似性在图像质量评价中更符合人眼对图像质量的判断，结构相似性指数的提出建立在人眼感知特性的基础之上。

结构相似性指数是对图像亮度、对比度和结构三方面信息的综合衡量，用来判断图像失真程度，是一种基于图像结构基础的质量评价指标。对于两幅图像 x 和 y，分别将它们之间的亮度比较值、对比度比较值和结构比较值定义为 $L(x,y)$、$C(x,y)$ 和 $S(x,y)$。

亮度比较值 $L(x,y)$ 旨在评估两幅图像的平均亮度是否相似，基于两幅图像的平均值得到：

$$L(x,y) = \frac{2\mu_x\mu_y + C_1}{\mu_x^2 + \mu_y^2 + C_1}$$

式中，μ_x 和 μ_y 分别为图像 x 和 y 的平均亮度；C_1 为常数，用于避免分母为零的情况。

对比度比较值 $C(x,y)$ 旨在评估两幅图像的对比度是否相似，通过比较两幅图像的标准差得到：

$$C(x, y) = \frac{2\sigma_x\sigma_y + C_2}{\sigma_x^2 + \sigma_y^2 + C_2}$$

式中，σ_x 和 σ_y 分别为图像 x 和 y 的标准差；C_2 为常数。

结构比较值 $S(x,y)$ 旨在评估两幅图像的结构是否相似，通过比较两幅图像的互相关性得到：

$$S(x, y) = \frac{\sigma_{xy} + C_3}{\sigma_x\sigma_y + C_3}$$

式中，σ_{xy} 为图像 x 和 y 的协方差；C_3 为常数。

将亮度比较值 $L(x,y)$、对比度比较值 $C(x,y)$ 和结构比较值 $S(x,y)$ 进行组合，得到结构相似性指数：

$$\text{SSIM}(x, y) = [L(x,y)]^{\alpha} \cdot [C(x,y)]^{\beta} \cdot [S(x,y)]^{\gamma}$$

式中，α、β 和 γ 为权重系数。通常情况下，这三个权重系数都为 1。分别将三个比较值的计算公式代入结构相似性指数的计算公式，并令 $C_3 = C_2/2$，得到最终的结构相似性指数为

$$\text{SSIM}(x, y) = \frac{(2\mu_x\mu_y + C_1)(2\sigma_{xy} + C_2)}{(\mu_x^2 + \mu_y^2 + C_1)(\sigma_x^2 + \sigma_y^2 + C_2)} \tag{4-5}$$

通常取 $C_1 = (k_1 L)^2$ 和 $C_2 = (k_2 L)^2$，其中 L 为像素的动态范围，k_1 和 k_2 为常数。

结构相似性指数的取值区间是 0～1。当其接近 1 时，表明两幅图像非常相似；而当其接近 0 时，表明两幅图像的差异较大。将结构相似性指数用于评价图像失真程度时，其值越大，表明失真程度越低；反之，表明失真程度越高。

4.2.3　主、客观质量评价一致性判断

为了衡量某种客观评价指标和主观评价得分之间的一致性，常使用四种判断指标，包括斯皮尔曼等级相关系数（Spearman Rank-Order Correlation Coefficient，SROCC）、肯德尔等级相关系数（Kendall Rank-Order Correlation Coefficient，KROCC）、皮尔逊线性相关系数（Pearson Linear Correlation Coefficient，PLCC）和均方根误差（Root Mean Square Error，RMSE）。前三个指标取值范围为 [-1,1]，绝对值越大（正相关或负相关），说明客观评价指标与主观评价得分之间的一致性越强；均方根误差取值范围为 [0,1]，值越小，说明客观评价指标与主观评价得分越接近。

1. 斯皮尔曼等级相关系数（SROCC）

斯皮尔曼等级相关系数是通过计算主观评价得分和客观评价指标的排序相关性得到的，其计算方法为首先计算 N 幅图像的主观评价得分数组和客观评价指标数组，并分别按照从大到小

的顺序进行排序；然后对同一幅图像在主观评价排名与客观评价排名中所对应的名次计算差值；最后根据所有图像的名次差值计算得到 SROCC 值：

$$\text{SROCC} = 1 - \frac{6 \times \sum_{i=1}^{N}(x_i - y_i)^2}{N(N^2 - 1)} \tag{4-6}$$

式中，x_i 为第 i 幅图像的主观评价得分在主观评价得分数组中的序号；y_i 为第 i 幅图像的客观评价指标在客观评价指标数组中的序号。

若 SROCC 为正，则表示主观评价得分和客观评价指标正相关；反之，二者负相关。客观质量评价法性能的好坏只与 SROCC 的绝对值有关，绝对值越大，客观质量评价法性能越好；反之，客观质量评价法性能越差。

2. 肯德尔等级相关系数（KROCC）

肯德尔等级相关系数用于衡量主观评价得分和客观评价指标的一致性。首先计算 N 幅图像中"一致对"和"不一致对"的数目，分别记为 N_c 和 N_d。"一致对"和"不一致对"的定义：假设 x_i 是第 i 幅图像的主观评价得分，y_i 是第 i 幅图像的客观评价指标，那么 (x_i,y_i) 构成第 i 幅图像的一组主、客观评价得分数组；任意两幅图像的得分数组构成一对数据 (x_i,y_i) 和 (x_j,y_j)，若 $x_i > x_j$ 且 $y_i > y_j$ 或 $x_i < x_j$ 且 $y_i < y_j$，则这一对数据构成"一致对"；若 $x_i > x_j$ 且 $y_i < y_j$ 或 $x_i < x_j$ 且 $y_i > y_j$，则这一对数据构成"不一致对"；若 $x_i = x_j$ 或 $y_i = y_j$，则既不构成"一致对"也不构成"不一致对"。得到 N_c 和 N_d 后，计算 KROCC 值：

$$\text{KROCC} = \frac{2(N_c - N_d)}{N(N-1)} \tag{4-7}$$

KROCC 值越大，表示主观评价得分和客观评价指标之间的相关性越好，客观质量评价法的性能越好；反之，二者的相关性越差，客观质量评价法的性能越差。

3. 皮尔逊线性相关系数（PLCC）

皮尔逊线性相关系数用于计算主观评价得分和客观评价指标的相关性。对于一组 N 幅图像，先对主观评价得分和客观评价指标进行非线性回归拟合，建立两者的非线性映射关系，再求其相关性，非线性回归和 PLCC 的计算方法为

$$p(Q) = \beta_1 \left[\frac{1}{2} - \frac{1}{1 + e^{(\beta_2(Q-\beta_3))}} \right] + \beta_4 Q + \beta_5 \tag{4-8}$$

$$\text{PLCC} = \frac{\sum_{i=1}^{N}(s_i - \overline{s})(p_i - \overline{p})}{\sqrt{\sum_{i=1}^{N}(s_i - \overline{s})^2 \sum_{i=1}^{N}(p_i - \overline{p})^2}} \tag{4-9}$$

式（4-8）中，Q 为客观评价指标；β_1、β_2、β_3、β_4、β_5 为非线性回归拟合参数；p 为经过非线性回归拟合后得到的客观评价指标。式（4-9）中，s_i 为第 i 幅图像的主观评价得分；p_i 为第 i 幅图像的客观评价指标；$\bar{s}$ 和 $\bar{p}$ 分别为主观得分和客观得分的均值。PLCC 即主观评价得分和客观评价指标的相关性计算值。

PLCC 值符号的正负只表示主观评价得分和客观评价指标是正相关还是负相关。客观质量评价法性能的好坏只与 PLCC 的绝对值有关，绝对值越大，客观质量评价法的性能越好；反之，客观质量评价法的性能越差。

4. 均方根误差（RMSE）

均方根误差是通过计算主观评价得分和客观评价指标的差值得到的。对于一组 N 幅图像，先计算每幅图像的主观评价得分和客观评价指标的差值，再计算这些差值的平均值，如下：

$$RMSE = \sqrt{\frac{1}{N}\sum_{i=1}^{N}(s_i - p_i)^2} \qquad (4\text{-}10)$$

式中，s_i 为第 i 幅图像的主观评价得分；p_i 为第 i 幅图像的客观评价指标。

均方根误差衡量的是主观评价得分和客观评价指标的绝对差值，其取值范围为 $[0, +\infty)$。RMSE 越小，表示客观质量评价法的性能越好；反之，表示客观质量评价法的性能越差。由于每组数据的主观评价得分范围不同，并且每个客观质量评价法的评价指标的取值范围也不同，所以在计算 RMSE 前需要对主观评价得分和客观评价指标单独进行归一化处理。

4.3 图像和视频编码中的量化

在图像和视频编码中，经过变换得到的频域系数常具有较大的动态范围，直接表征这些系数会耗费大量的比特。为了降低表征这些系数的代价，常采用标量量化技术将它们映射到更小的动态范围，进而对映射得到的数值进行表征。随着动态范围的减小，表征这些系数的代价会显著降低，因此达到压缩的目的。标量量化采用的是多对一的映射机制，因此会不可避免地引起失真，即量化后的数值与原始数值之间存在差异。这种基于多对一映射的量化被应用于实现图像和视频有损压缩，也是压缩中产生失真的根本原因。

4.3.1 标量量化

标量量化将取值在 $[x_k, x_{k+1})$ 范围内的所有信号均映射成取值相同的同一个信号 $Y=y_k$，如图 4-1 所示。给定信号 $x \in [x_k, x_{k+1})$，量化后得到：

$$y = Q(x)$$

式中，$Q(\cdot)$ 为实现量化所采用的映射。在标量量化中，将每个区间 $[x_k, x_{k+1})$ 的边界值 x_k 称为决策值，y_k 称为量化值或重建值。一个标量量化器由一系列的决策值和重建值构成，所有重建值的个数叫作量化级别，表征一个具有 N 个量化级别的量化器需要耗费的比特数为 $\log_2 N$。例如，1‑比特量化器具有 2 个量化间隔，2‑比特量化器具有 4 个量化间隔，如图 4-2 所示。

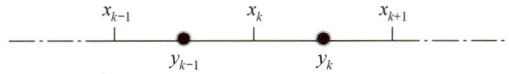

图 4-1　标量量化区间与重建值

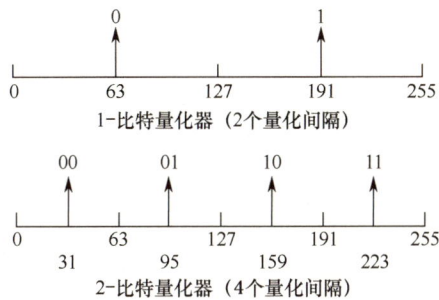

图 4-2　具有不同量化级别的标量量化器

按照每个重建值的量化间隔是否相等，标量量化可分为均匀量化和非均匀量化。图 4-3 和图 4-4 分别展示了两种均匀量化器，其中，图 4-3 所示为中平型均匀量化器，图 4-4 所示为中升型均匀量化器，均匀量化器因实现简单而在图像和视频编码领域广泛使用；图 4-5 和图 4-6 分别展示了两种非均匀量化器，其中，图 4-5 所示为中平型非均匀量化器，图 4-6 所示为中升型非均匀量化器，非均匀量化器的量化间隔是不一致的，通常是为了更好地适应信号本身的特性。

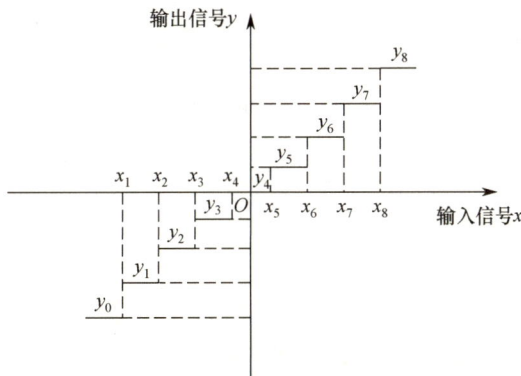

图 4-3　中平型均匀量化器

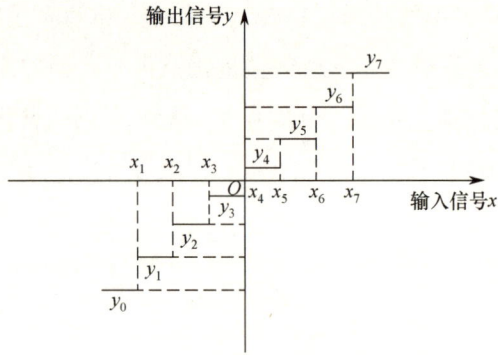

图 4-4　中升型均匀量化器

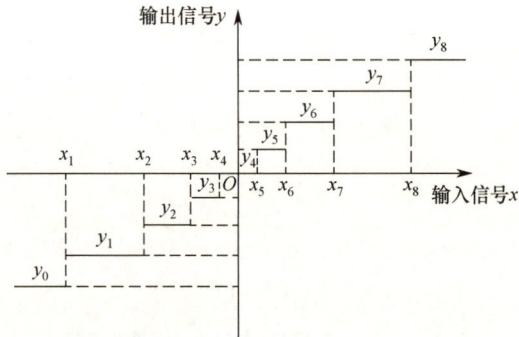

图 4-5　中平型非均匀量化器

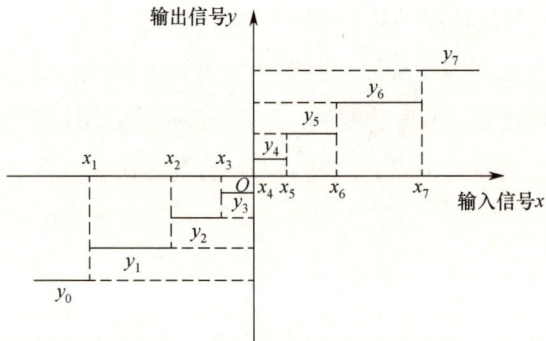

图 4-6　中升型非均匀量化器

实际应用中的均匀量化器的输出为每个量化区间的中点，区间的长度称为量化步长。量化步长的大小取决于量化级别及输入信号 x 的取值范围。假设量化级别为 N，x 的取值范围为 $[L, U]$，则量化步长 s 为

$$s = \frac{U - L}{N}$$

对于第 k 个量化区间 $[x_k, x_{k+1}]$，其重建值 y_k 与决策值 x_k 的关系为

$$\begin{cases} y_k = x_k + s/2 \\ x_k = k \cdot s + L \end{cases}$$

由于上述均匀量化器所产生的重建值为量化间隔的中点，因此所产生的量化误差 e 取值范围为 $-s/2 \leq e \leq s/2$，如图 4-7 所示。

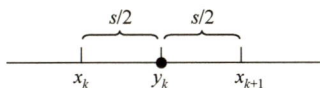

图 4-7 量化误差范围

量化失真可以用均方误差（MSE）进行衡量，假设 $p(x)$ 为输入信号 x 的概率密度函数，则 MSE 可计算为

$$\text{MSE} = E\left[(x - Q(x))^2\right] = \sum_{i=0}^{N-1} \int_{x_k}^{x_{k+1}} (x - y_i)^2 p(x)\mathrm{d}x \qquad (4\text{-}11)$$

4.3.2 最优标量量化

为了优化量化器，需要选择适当的决策值 x_k 和重建值 y_k，使 MSE 最小，即基于最小均方误差（Minimum Mean Square Error，MMSE）准则设计量化器。此时，需要满足

$$\begin{cases} \dfrac{\partial(\text{MSE})}{\partial x_k} = 0 \\ \dfrac{\partial(\text{MSE})}{\partial y_k} = 0 \end{cases}$$

由 $\dfrac{\partial(\text{MSE})}{\partial x_k} = 0$ 可得

$$\left(x_k - y_k\right)^2 p(x_k) - \left(x_k - y_{k+1}\right)^2 p(x_k) = 0$$

进一步得到

$$x_k = \frac{y_{k-1} + y_k}{2}, \quad k = 1, 2, \cdots, N-1 \qquad (4\text{-}12)$$

由 $\dfrac{\partial(\text{MSE})}{\partial y_k} = 0$ 可得

$$-\int_{x_k}^{x_{k+1}} 2(x - y_k) p(x)\mathrm{d}x = 0$$

进一步得到

$$y_k = \frac{\displaystyle\int_{x_k}^{x_{k+1}} x p(x)\mathrm{d}x}{\displaystyle\int_{x_k}^{x_{k+1}} p(x)\mathrm{d}x}, \quad k = 1, 2, \cdots, N-1 \qquad (4\text{-}13)$$

由式（4-12）可以发现，最优量化器的决策值位于相邻的两个重建值的中点。对于一个输入数据 x，其量化结果应为与 x 距离最近的重建值。式（4-13）表明最优量化器的量化值应为量化区间的质心。基于式（4-12）和式（4-13）所构建的量化器叫作 Lloyd-Max 量化器，该量化器是最小均方误差准则下的最优标量量化器。

通常情况下，直接求解式（4-12）式（4-13）比较困难，更多的解法是应用迭代求解法，如算法 1 所示。

算法 1：Lloyd-Max 量化器

输入：初始化的数据 $\{y_0, y_1, \cdots, y_{N-1}\}$，给定的阈值 ε
输出：Ω

1：$\Omega \leftarrow \{y_0, y_1, \cdots, y_{N-1}\}$，$\mathrm{MSE}_0 \leftarrow \infty$，$j \leftarrow 0$

2：while $\dfrac{\mathrm{MSE}_j - \mathrm{MSE}_{j+1}}{\mathrm{MSE}_{j+1}} \geqslant \varepsilon$ do

3：$x_k \leftarrow \dfrac{y_{k-1} + y_k}{2}$，$k = 1, 2, \cdots, N-1$；

4：$y_k \leftarrow \dfrac{\int_{x_k}^{x_{k+1}} x p(x)\mathrm{d}x}{\int_{x_k}^{x_{k+1}} p(x)\mathrm{d}x}$，$k = 1, 2, \cdots, N-1$；

5：$\mathrm{MSE}_j \leftarrow \sum_{i=0}^{N-1} \int_{x_k}^{x_{k+1}} (x - y_i)^2 p(x)\mathrm{d}x$；

6：$j \leftarrow j+1$；
7：end while
return Ω

经过多次迭代，最终可求得量化器的重建值集合及区间划分界限。

由于 Lloyd-Max 量化器需要经历多次迭代，由此引起了较高的复杂度，因此该量化器不适用于实际图像和视频编码。在实际图像和视频编码中应用最广泛的量化器是重建值位于量化区间中心的均匀量化器。

4.3.3 量化影响

在图像和视频编码过程中形成的变换系数往往具有较大的动态范围，直接表征这些变换系数会耗费大量的比特数，对变换系数进行量化能降低动态范围，达到压缩的目的。常用的图像和视频压缩方法采用均匀量化技术实现对变换系数的量化，在编码端将变换系数映射为量化索引，并在解码端将量化索引转化为重建值。在压缩过程中通常先将图像或视频帧划分成块，变换系数的产生和量化都以块为单元进行。以块为单元进行变换和量化能够保证低复杂度，但变换系数经过量化后所造成的信息损失会造成块边界处内容不连续，产生明显的块效应，如图 4-8 所示。

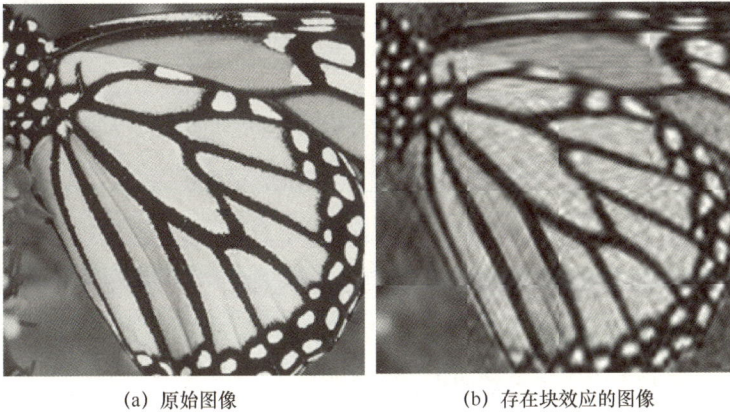

(a) 原始图像　　　　　　　　　　(b) 存在块效应的图像

图 4-8　块效应图例

除了块效应，图像和视频压缩中的信息损失还会引起模糊效应和振铃效应。模糊效应主要表现为图像、视频内容的清晰度下降。模糊效应使图像原本锐利的边缘或轮廓变得不清晰，这种效应的产生通常是由图像边缘或轮廓过度平滑化造成的。在图像和视频压缩过程中，量化所造成的高频信息损失导致边缘或轮廓部分原本存在的细节变化缺失，即相邻像素点变得十分相似，形成过度平滑的边缘或轮廓。振铃效应又称吉布斯效应，主要出现在图像或视频中比较锐利的边缘附近，表现为波纹或振荡现象。这种效应也是压缩过程中高频信息损失所导致的。由于模糊效应和振铃效应的产生原因相似，因此两种效应常常会同时出现，如图 4-9 所示。

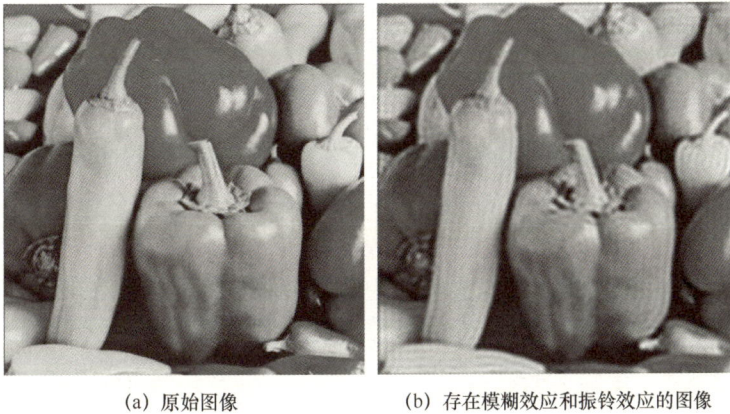

(a) 原始图像　　　　　　　(b) 存在模糊效应和振铃效应的图像

图 4-9　模糊效应和振铃效应图例

4.4　率–失真与码率控制

率–失真（Rate-Distortion）理论是研究数据压缩问题的指导性理论，"率"（Rate）是指数据压缩的码率（比特数），"失真"（Distortion）描述了压缩后的信号与原始信号之间的差异程度。该理论研究的是如何在给定码率下达到最小失真，或者在不超过既定失真的条件下，能达到的最小码率是多少。率-失真理论是编码器优化设计和编码参数优化选择的指导性理论。

4.4.1 率-失真理论

率-失真理论建立在率-失真函数的基础之上，该函数描述的是给定码率下信号失真和编码码率之间的关系，通常用 $R(D)$ 表示，其中 R 代表码率，D 代表失真。对于一个编码系统，使用不同的编码参数或参数集对某幅图像或某个视频进行编码时，可以获得不同的编码码率和失真。给定一个编码参数或参数集，编码后可以获得一组码率和失真组合 (R,D)，在二维平面上可以用一个率-失真性能点表示。将不同参数或组合下获得的率-失真性能点进行拟合，能够获得一条单调递减的曲线，即率-失真曲线（R-D Curve），如图 4-10 所示。利用该曲线能够对给定编码系统的性能进行较为直观的评估，特别是针对某幅图像或某个视频所能达到的编码性能进行预测。

图像和视频编码常需要在保证一定失真度的前提下，尽可能减小码率，以降低存储和传输成本。换句话说，要在有限的存储空间和传输带宽下，实现对高质量视频的存储和传输。为达到这一目标，需要在编码器设计及已有编码器的参数选择方面进行优化，从而使编码性能达到最佳，即实现率-失真性能优化。

对于图像和视频编码中的率-失真性能优化而言，就是在给定码率条件下，使编码图像视频的质量达到最好。换句话说，率-失真性能优化是在保证码率不超过给定的最大码率 R_c 的条件下，使失真最小，即 $\min\{D\}$，s.t. $R \leqslant R_\mathrm{c}$。

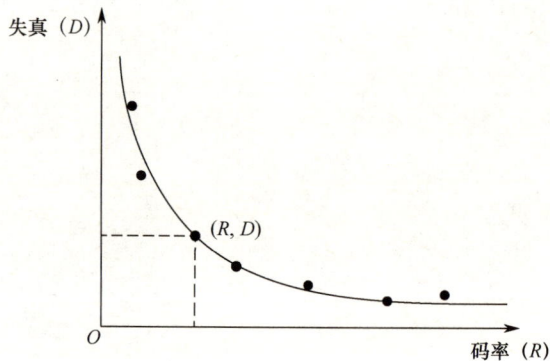

图 4-10　率－失真曲线示意图

基于混合编码框架的视频编码系统包含大量的编码参数，包括量化参数、编码单元划分模式、预测模式等，这些参数构成了编码参数集。参数集中的每个参数都有大量的候选值，最优的编码策略是遍历所有编码参数候选值从而选出最优的参数组合用于视频编码的，但这样做会存在巨大的计算量，因此无法应用于实际编码中。

在编码器设计中，常以任务分解的形式将整个视频的编码分解为视频帧编码子任务，将视频帧编码分解为图像块编码子任务，并假定视频帧之间互不相关，视频帧中各编码块也互不相关。假设对第 k 个子任务所采用的编码参数集为 Ω_k，获得的码率和失真组合为 $(R_k(\Omega_k), D_k(\Omega_k))$，对于整个视频或单个视频帧的率－失真性能优化问题就转化为，在总码率约束条件下，对于全部 N 个视频帧或图像块，寻找参数集 $\{\Omega_1, \Omega_2, \cdots, \Omega_N\}$，使总失真最小：

$$\min \sum_{k=1}^{N} D_k(\Omega_k), \quad \text{s.t.} \sum_{k=1}^{N} R_k(\Omega_k) \leqslant R_c$$

由于目前视频编码中常用的失真测度指标 MSE 是加性的，因此这里假设 D_k 具有可加性。

通过引入拉格朗日因子 λ，上述问题可转化为

$$\min \left\{ \sum_{k=1}^{N} D_k(\Omega_k) + \lambda \cdot \sum_{k=1}^{N} R_k(\Omega_k) \right\} = \min \left\{ \sum_{k=1}^{N} [D_k(\Omega_k) + \lambda \cdot R_k(\Omega_k)] \right\}$$

由于假设待编码的各个视频帧或块之间是互不相关的，即它们的失真和码率不受其他视频帧或块所使用的参数影响，因此上述问题可转化为对单个视频帧或块的率－失真优化问题，即对于相互独立的子任务，最优的编码参数获取可以通过最小化每个子任务的率－失真代价达到：

$$\min \{ D_k(\Omega_k) + \lambda \cdot R_k(\Omega_k) \}$$

从几何意义上来讲，给定一条斜率为 λ 的直线，它与率－失真曲线的切点即上述问题的最优解。在给定码率约束条件下，常应用二分法尝试不同斜率（不同 λ）的直线，最终确定一条能与率－失真曲线相切的直线，所形成的切点即最优解。

以上率－失真优化问题的建模基于各个视频帧或块之间互不相关的假设，但对于相关性比较强的帧或块，不能直接对其进行独立优化，需要依据帧与帧之间、块与块之间的依赖关系进行计算。此外，由于当前视频编码系统采用了多种编码策略，如块划分模式、帧内预测、帧间预测，因此具体率－失真优化方法的实现还要根据编码系统所采用的编码策略对帧与帧之间、块与块之间的关系进行具体分析后再设计优化模型和优化算法。

4.4.2　码率控制

码率控制是率－失真优化技术在实际编码传输场景中的典型应用，其基本原理是按照一定的编码策略对编码参数进行动态调整，通过各级码率的最优分配来调整编码器单位时间内输出的比特数，保证实际输出码率与目标码率一致。通过合理的码率分配，能够满足带宽受限场景中的高质量视频压缩和传输需求。

量化是视频压缩的重要环节，也是控制编码码率的主要环节。当前大多数码率控制算法通过调整量化参数的大小来控制目标码率。量化参数控制着视频的压缩失真度和码率，通常情况

下，采用较小的量化参数，视频失真会比较小，码率会比较高；采用较大的量化参数，视频失真会比较大，码率会比较低。对于码率的控制问题，就转化成了基于量化参数选择的率–失真优化问题。该问题可描述为，在总编码码率不超过给定码率 R_c 的条件下，为视频帧或图像块确定最优的量化参数 $\{Q_1, Q_2, \cdots, Q_N\}$，使总失真最小：

$$\min \sum_{k=1}^{N} D_k(Q_k), \quad \text{s.t.} \sum_{k=1}^{N} R_k(Q_k) \leqslant R_c$$

在实际实现过程中，码率控制通常分以下两步进行。

（1）进行比特分配：根据目标码率确定每个视频帧或图像块的比特数。

（2）确定量化参数：调整量化参数使视频帧或图像块所用的比特数接近于所分配的比特数。

进行比特分配的目的是为每个视频帧或图像块分配最优的比特数，使编码后总失真最小，该步骤利用率–失真优化技术为每个视频帧或图像块分配比特数 $\{R_1, R_2, \cdots, R_N\}$，通过求解以下优化问题实现：

$$\min \sum_{k=1}^{N} D_k, \quad \text{s.t.} \sum_{k=1}^{N} R_k \leqslant R_c$$

当每个视频帧或图像块的最优比特数确定后，码率控制的第（2）步则根据所确定的比特数 R_k^* 为每个视频帧或图像块选择量化参数，即求解以下优化问题：

$$\min D_k(Q_k), \quad \text{s.t.} R_k \leqslant R_k^* \tag{4-14}$$

由于实际编码过程中视频帧之间、图像块之间存在关联性，因此在进行比特分配时还需要综合考虑这一关联性，才能达到最优的比特分配。此外，上述问题的建模主要考虑了量化参数对编码比特数的影响，其他编码参数对比特数的影响较小，因此可以忽略。

【习题 4】

1. 证明题：对于服从均匀分布的信源，最小均方误差准则下的最优标量量化器就是均匀量化器。

2. 计算题：对以下数据以量化步长 4，采用"四舍五入"方式进行量化，得到重建值后，分别计算 MSE 和 SAD。

$$X = \begin{bmatrix} 75 & 5 \\ -15 & -5 \end{bmatrix}$$

3. 计算题：对于 $X \in [0,127]$ 的信源，分别设计 2 bit 和 4 bit 均匀量化器。

（1）比较两个量化器量化误差的取值范围。

（2）给定一组信号 [10，6，9，21]，分别采用上述两个量化器进行量化，得到重建值后，计算 MSE。

第 5 章　视频编码标准

知识点：

◇ H.264/AVC 视频编码标准

◇ H.265/HEVC 视频编码标准

◇ AVS 视频编码标准

为实现高效图像视频数据压缩，各种新型编码算法不断被提出并被应用于实践中，视频编码标准汇聚了同时代最先进、最高效的视频编码技术。从 20 世纪 80 年代开始，国际电信联盟电信标准化部门（International Telecommunication Union-Telecommunication Standardization Sector，ITU-T）和国际标准化组织（International Organization for Standardization，ISO）/国际电工委员会（International Electrotechnical Commission，IEC）就一直致力于视频编码标准的制定工作。经过几十年的努力，视频编码标准从最初的 H.261/263、MPEG-1/2/4，发展到了如今常用的 H.264/AVC、H.265/HEVC，并且编码性能也在逐步提高。通过长期探索，视频编码逐渐形成了以预测、变换、量化、熵编码、环路滤波为主体的混合编码架构。本章将基于主要编码技术介绍目前主流的视频编码标准。

5.1　H.264/AVC 视频编码标准

H.264/AVC（Advanced Video Coding，高级视频编码）由 ITU-T 的视频编码专家组（Video Coding Experts Group，VCEG）和 ISO/IEC 的运动图像专家组（Moving Pictures Experts Group，MPEG）共同成立的联合视频组（Joint Video Team，JVT）制定。H.264/AVC（以下称为 H.264）采用基于块的预测、变换、量化和熵编码的混合编码框架（见图 5-1），并在此基础上引入了可变块大小预测、高精度的亚像素运动估计、4×4 整数变换、去块效应环路滤波等新技术。同时为了简化使用，H.264 设置了多种档次（Profile），包括：①基本档次（Baseline Profile），主要用于视频电话、视频会议等实时视频通信领域；②主要档次（Main Profile），主要用于数字广播电视等高清视频通信场景；③扩展档次（Extended Profile），主要用于对抗误码性能和实时性有较高要求的场景，如网络直播等；④高级档次（High Profile），主要用于超高清视频场景。

在 H.264 编码中，视频图像被划分为三种类型：I、P、B 帧，其中 I 帧仅能应用帧内预测技术进行编码，P 帧可以利用已编码视频图像进行帧间预测编码，B 帧可以利用已编码和后续编码图像进行帧间预测编码。在三种类型的视频编码帧中，仅 I 帧和 P 帧可作为后续视频图像编码的参考帧。在编码过程中，视频图像会被划分为 16×16 的宏块（Macro Block），预测、变换、量化、熵编码等操作均以宏块为单位进行，H.264 中支持将宏块继续划分为更小的块，具体的划分方式将会在后续章节中详细介绍。划分的小块先通过预测编码可以形成残差块，再对残差块再进行变换和量化，最后对量化后的变换系数进行熵编码。

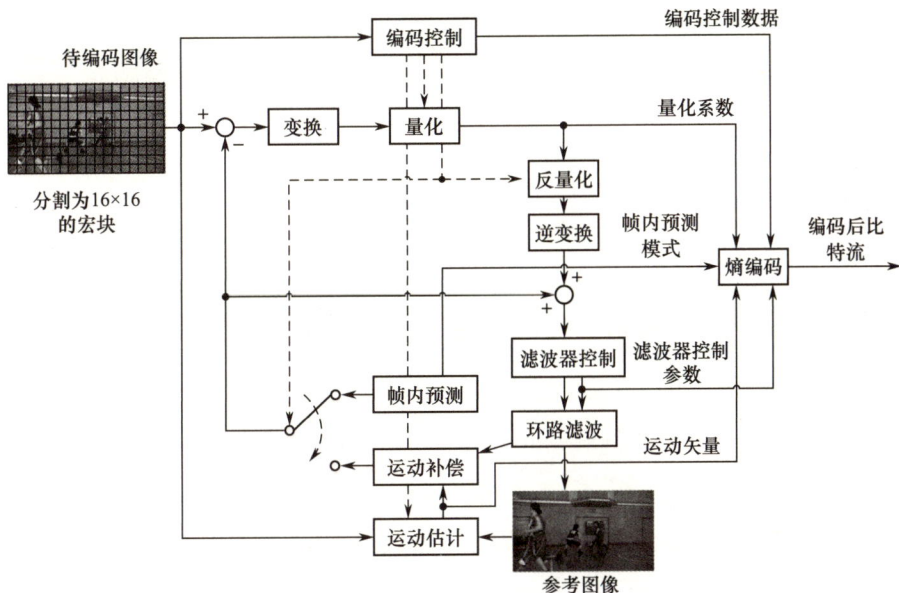

图 5-1　H.264 的混合编码框架

5.1.1　预测编码

预测编码分为帧内预测和帧间预测，帧内预测通过相邻已编码块的像素来预测当前待编码块的像素，从而有效消除相邻块之间的空间冗余；帧间预测利用已编码视频帧和基于块的运动补偿技术来预测当前块的像素，消除相邻视频帧之间的时间冗余。H.264 支持可变块大小的预测编码，针对不同块大小的帧内预测引入了不同的预测模式，针对帧间预测引入了亚像素运动估计和多参考帧技术。此外，H.264 能够将多个参考帧应用于帧间预测，选择编码效率最高的参考帧用于帧间编码，该技术在面对周期性运动场景时能达到更好的预测效果。

1. 帧内预测编码

对于亮度分量，H.264 的基本档次支持 16×16 和 4×4 两种帧内预测块大小，其中 16×16 块有 4 种预测模式，4×4 块有 9 种预测模式。每个亮度块的预测模式都是独立选择的。除此之外，H.264 的高级档次还增加了 8×8 的帧内预测块，可选 9 种预测模式，预测模式与 4×4 块的预测模式类似。对于色度分量，H.264 的帧内预测仅支持 8×8 大小的色度块，可选 4 种预测模式，预测模式与 16×16 亮度块的预测模式相同。

以 4×4 亮度块的帧内预测模式为例，像素位置关系示意图如图 5-2 所示。其中，$T_1 \sim T_4$、$T_5 \sim T_8$、$L_1 \sim L_4$、LT 分别表示当前块上方、右上方、左方、左上方的参考像素，这些像素由已编码块的重建像素组成，作为当前块的预测参考像素；$P_{1,1} \sim P_{4,4}$ 表示 16 个待预测像素，通过周围的参考像素进行预测，可选的预测模式为 4×4 亮度块对应的 9 种预测模式，如图 5-3 所示。

LT	T_1	T_2	T_3	T_4	T_5	T_6	T_7	T_8
L_1	$P_{1,1}$	$P_{2,1}$	$P_{3,1}$	$P_{4,1}$				
L_2	$P_{1,2}$	$P_{2,2}$	$P_{3,2}$	$P_{4,2}$				
L_3	$P_{1,3}$	$P_{2,3}$	$P_{3,3}$	$P_{4,3}$				
L_4	$P_{1,4}$	$P_{2,4}$	$P_{3,4}$	$P_{4,4}$				

图 5-2 4×4 亮度块帧内预测像素位置关系示意图

具体来说，若选择模式 0 进行预测且参考像素 $T_1 \sim T_4$ 已知，则待预测像素 $P_{1,1}$、$P_{1,2}$、$P_{1,3}$ 和 $P_{1,4}$ 由参考像素 T_1 预测得到；待预测像素 $P_{2,1}$、$P_{2,2}$、$P_{2,3}$ 和 $P_{2,4}$ 由参考像素 T_2 预测得到；待预测像素 $P_{3,1}$、$P_{3,2}$、$P_{3,3}$ 和 $P_{3,4}$ 由参考像素 T_3 预测得到；待预测像素 $P_{4,1}$、$P_{4,2}$、$P_{4,3}$ 和 $P_{4,4}$ 由参考像素 T_4 预测得到。

若选择模式 1 进行预测且参考像素 $L_1 \sim L_4$ 已知，则待预测像素 $P_{1,1}$、$P_{2,1}$、$P_{3,1}$ 和 $P_{4,1}$ 由参考像素 L_1 预测得到；待预测像素 $P_{1,2}$、$P_{2,2}$、$P_{3,2}$ 和 $P_{4,2}$ 由参考像素 L_2 预测得到；待预测像素 $P_{1,3}$、$P_{2,3}$、$P_{3,3}$ 和 $P_{4,3}$ 由参考像素 L_3 预测得到；待预测像素 $P_{1,4}$、$P_{2,4}$、$P_{3,4}$ 和 $P_{4,4}$ 由参考像素 L_4 预测得到。

若选择模式 2 进行预测且参考像素 $T_1 \sim T_4$ 和 $L_1 \sim L_4$ 均已知，则当前块所有待预测像素均为 $(T_1+T_2+T_3+T_4+L_1+L_2+L_3+L_4)/8$；若参考像素 $T_1 \sim T_4$ 已知但 $L_1 \sim L_4$ 未知，则当前块所有待预测像素均为 $(T_1+T_2+T_3+T_4)/4$；若参考像素 $L_1 \sim L_4$ 已知但 $T_1 \sim T_4$ 未知，则当前块所有待预测像素均为 $(L_1+L_2+L_3+L_4)/4$；若参考像素 $T_1 \sim T_4$ 和 $L_1 \sim L_4$ 均未知，则当前块所有待预测像素均为 128。

若选择模式 3 进行预测且参考像素 $T_1 \sim T_8$ 均已知，则

$$\begin{cases} P_{1,1}=(T_1+2T_2+T_3+2)/4 \\ P_{2,1}=P_{1,2}=(T_2+2T_3+T_4+2)/4 \\ P_{3,1}=P_{2,2}=P_{1,3}=(T_3+2T_4+T_5+2)/4 \\ P_{4,1}=P_{3,2}=P_{2,3}=P_{1,4}=(T_4+2T_5+T_6+2)/4 \\ P_{4,2}=P_{3,3}=P_{2,4}=(T_5+2T_6+T_7+2)/4 \\ P_{4,3}=P_{3,4}=(T_6+2T_7+T_8+2)/4 \\ P_{4,4}=(T_7+3T_8+2)/4 \end{cases}$$

模式0（垂直模式）

模式1（水平模式）

模式2（直流模式）

模式3

模式4

模式5

模式6

模式7

模式8

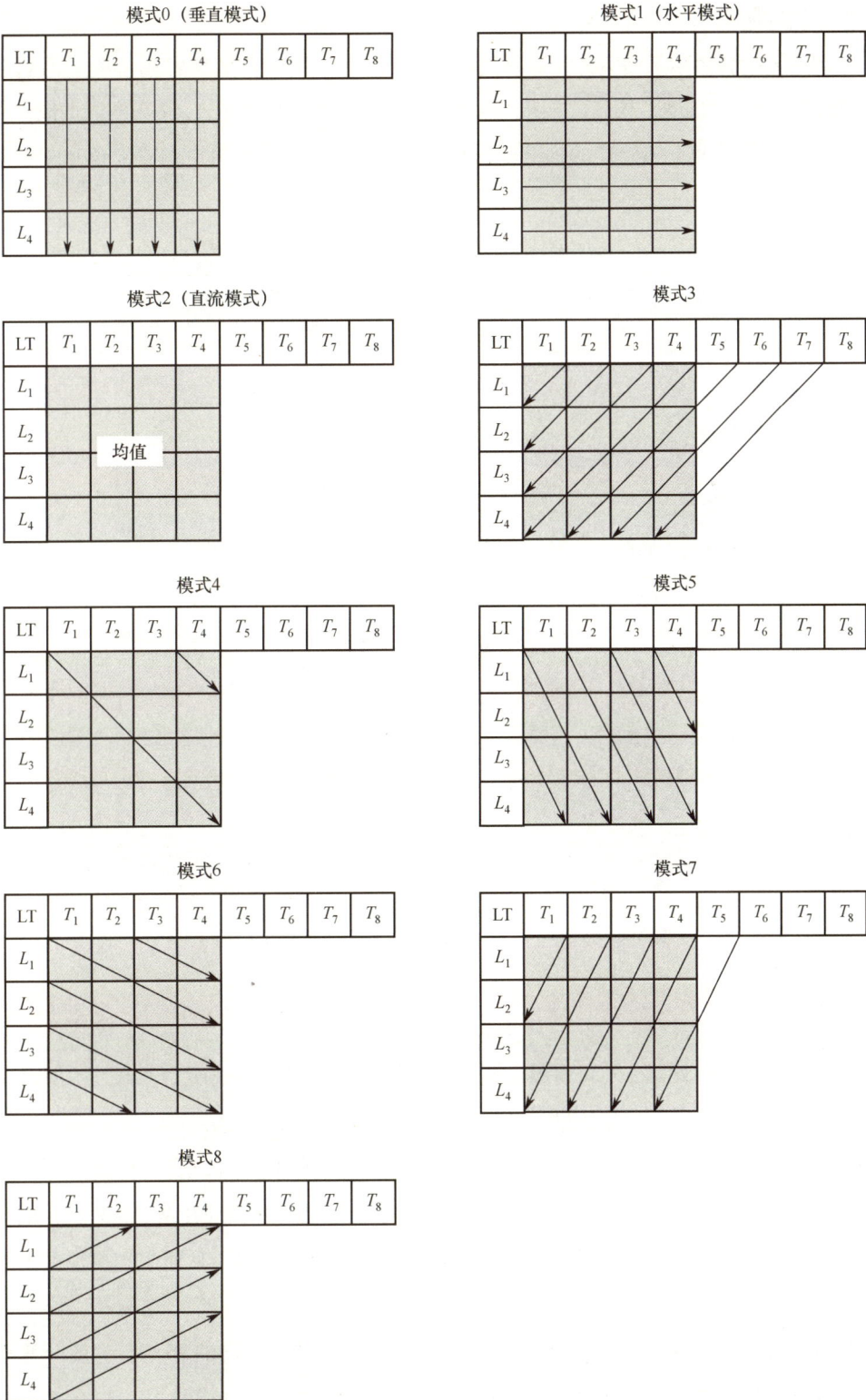

图 5-3　H.264 中 4×4 亮度块的帧内预测模式

其他模式以模式 3 类推可得到。

在 H.264 中，16×16 亮度块帧内预测模式仅有 4 种，分别为垂直模式、水平模式、直流（DC）模式和平面（Planar）模式。如图 5-4 所示，前三种预测模式与 4×4 亮度块类似，平面模式主要通过左邻像素和上邻像素的梯度变化趋势，以及当前像素点对应的右上角和左下角像素来预测当前像素点。

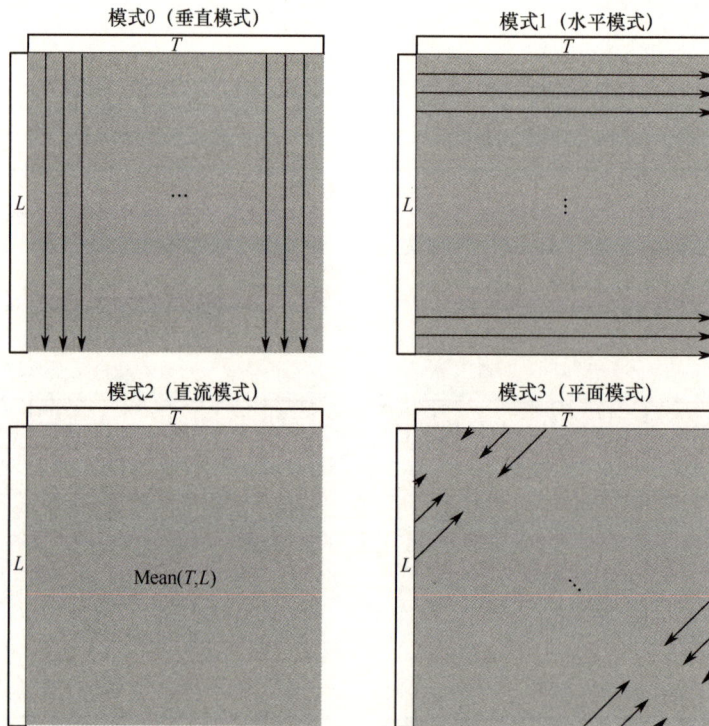

图 5-4　H.264 中 16×16 亮度块的帧内预测

2. 帧间预测编码

对于亮度分量，H.264 的帧间预测编码支持多种块大小的划分方式，如图 5-5 所示。每个 16×16 宏块可以选择不再划分或继续划分为 2 个 16×8、2 个 8×16 或 4 个 8×8 子块，其中 8×8 子块还可以选择是否继续划分为 2 个 8×4、2 个 4×8 或 4 个 4×4 子块。由于一个块内可能具有多种不同尺寸的子块，因此每个子块都独立进行运动估计和运动补偿。这种灵活的块划分方式使划分出的小块能更加准确地描述视频图像内运动物体的形状，从而实现更加准确的运动估计。

对于色度分量，为保证运动估计的精度并降低计算复杂度，H.264 采用与亮度分量相同或相似的划分方式将每个子块进行划分。以 YUV420 格式视频为例，如果将 16×16 的亮度分量宏块划分成 2 个 8×16 小块，由于色度分量宏块的宽和高仅为亮度分量宏块的一半，即色度分量

宏块大小为 8×8，因此采用与亮度分量宏块相似的划分策略则需要把色度分量宏块划分为 2 个 4×8 小块。

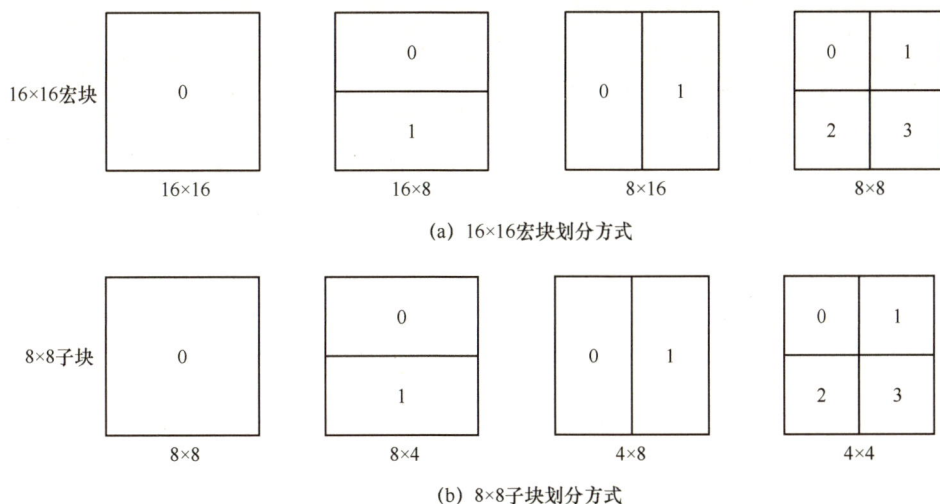

(a) 16×16宏块划分方式

(b) 8×8子块划分方式

图 5-5 H.264 帧间预测块划分

除了采用灵活的块划分方式，H.264 还将亚像素运动估计技术应用于帧间预测，以保证获得更准确的运动矢量。具体来说，对亮度分量采用 1/4 像素精度运动估计，对应的色度分量采用 1/8 像素精度运动估计。

为实现 1/4 像素精度运动估计，H.264 首先采用 6 抽头滤波器对 1/2 像素精度位置进行插值，滤波器抽头系数为 [1，−5，20，20，−5，1]；其次对 1/4 像素精度位置进行插值。以亮度分量为例，如图 5-6 所示，以 $A \sim T$ 表示整数像素位置，$a \sim o$ 表示 1/2 像素精度位置。1/2 像素位置 g 处的像素值可由 A、C、G、M、Q 和 S 位置的像素值得到，即

$$g = \text{round}[(A - 5C + 20G + 20M - 5Q + S) / 32]$$

式中，round($\cdot$) 表示四舍五入。此外，1/2 像素位置 d 处的像素值可由 E、F、G、H、I 和 J 位置的像素值得到，即

$$d = \text{round}[(E - 5F + 20G + 20H - 5I + J) / 32]$$

对于图 5-7 中的 1/4 像素精度位置 $g_1 \sim g_8$，其像素值可以利用 2 抽头滤波器进行插值得到。例如，1/4 像素精度位置 g_3 处的像素值可由 1/2 像素精度位置 g 和位置 d 的像素值得到，即

$$g_3 = \text{round}[(d + g) / 2]$$

以图 5-6 和图 5-7 为例，在运动估计过程中，假设当前待编码块首先搜索到最佳整数像素度匹配位置为 G，其次对比该位置附近 8 个 1/2 像素精度位置的运动偏移，得到最佳匹配位置为 g，最后对比该位置 g 附近 8 个 1/4 像素精度位置 $g_1 \sim g_8$ 处的运动偏移，得到最终的最佳匹配点，

从而获得较精确的运动矢量。

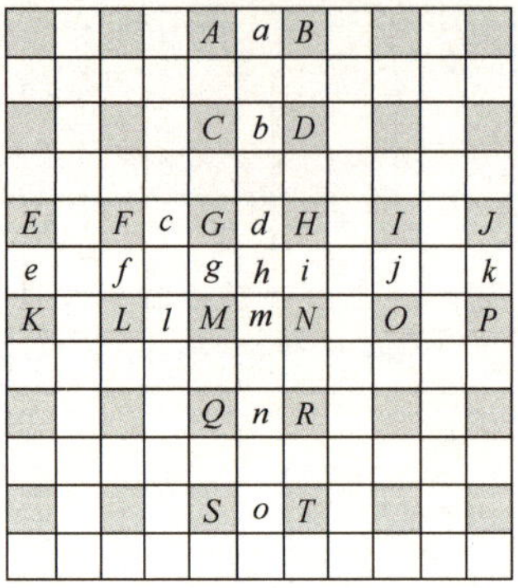

图 5-6 H.264 运动估计中 1/2 像素精
度插值示意图

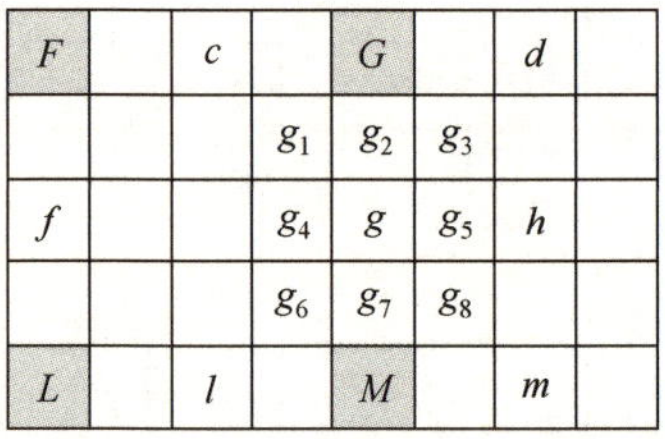

图 5-7 H.264 运动估计中 1/4 像素精
度插值示意图

5.1.2 整数变换

H.264 采用整数形式的离散余弦变换实现变换编码。对于大小为 4×4 的图像块 X，其二维离散余弦变换可以表示为

$$Y = AXA^{\mathrm{T}} = \begin{bmatrix} a & a & a & a \\ b & c & -c & -b \\ a & -a & -a & a \\ c & -b & b & -c \end{bmatrix} X \begin{bmatrix} a & b & a & c \\ a & c & -a & -b \\ a & -c & -a & b \\ a & -b & a & -c \end{bmatrix} \tag{5-1}$$

式中，变换矩阵 A 的元素 $a = \dfrac{1}{2}$，$b = \sqrt{\dfrac{1}{2}} \cos\left(\dfrac{\pi}{8}\right)$，$c = \sqrt{\dfrac{1}{2}} \cos\left(\dfrac{3\pi}{8}\right)$。将 A 进一步分解得到

$$A = BC = \begin{bmatrix} a & 0 & 0 & 0 \\ 0 & b & 0 & 0 \\ 0 & 0 & a & 0 \\ 0 & 0 & 0 & b \end{bmatrix} \begin{bmatrix} 1 & 1 & 1 & 1 \\ 1 & d & -d & -1 \\ 1 & -1 & -1 & 1 \\ d & -1 & 1 & -d \end{bmatrix} \tag{5-2}$$

式中，$d = c/b = 0.4142$。将式 $A = BC$ 代入式（5-1）得

$$Y = AXA^{\mathrm{T}} = (BC)X(C^{\mathrm{T}}B^{\mathrm{T}}) \tag{5-3}$$

定义 $E = BB^{\mathrm{T}} = \begin{bmatrix} a^2 & ab & a^2 & ab \\ ab & b^2 & ab & b^2 \\ a^2 & ab & a^2 & ab \\ ab & b^2 & ab & b^2 \end{bmatrix}$，则式（5-3）可变为

$$Y = C_4 X C_4^{\mathrm{T}} \otimes E = \begin{bmatrix} 1 & 1 & 1 & 1 \\ 1 & d & -d & -1 \\ 1 & -1 & -1 & 1 \\ d & -1 & 1 & -d \end{bmatrix} X \begin{bmatrix} 1 & 1 & 1 & d \\ 1 & d & -1 & -1 \\ 1 & -d & -1 & 1 \\ 1 & -1 & 1 & -d \end{bmatrix} \otimes \begin{bmatrix} a^2 & ab & a^2 & ab \\ ab & b^2 & ab & b^2 \\ a^2 & ab & a^2 & ab \\ ab & b^2 & ab & b^2 \end{bmatrix} \quad (5\text{-}4)$$

式中，$\otimes$ 表示矩阵对应位置元素相乘。

为解决浮点型离散余弦变换中变换矩阵的部分系数为无理数而导致逆变换后数值与变换前数值不一致的情况，整数变换中将 d 取值为 $1/2$，b 取值为 $\sqrt{2/5}$，c 取值为 $\sqrt{1/10}$。同时，将 C 的第二行和第四行扩大一倍，并在系数矩阵 E 中进行相应的缩小。最终，4×4 整数变换可表示为

$$\begin{aligned} Y &= C_4 X C_4^{\mathrm{T}} \otimes E_4 \\ &= \begin{bmatrix} 1 & 1 & 1 & 1 \\ 2 & 1 & -1 & -2 \\ 1 & -1 & -1 & 1 \\ 1 & -2 & 2 & -1 \end{bmatrix} X \begin{bmatrix} 1 & 2 & 1 & 1 \\ 1 & 1 & -1 & -2 \\ 1 & -1 & -1 & 2 \\ 1 & -2 & 1 & -1 \end{bmatrix} \otimes \begin{bmatrix} a^2 & ab/2 & a^2 & ab/2 \\ ab/2 & b^2/4 & ab/2 & b^2/4 \\ a^2 & ab/2 & a^2 & ab/2 \\ ab/2 & b^2/4 & ab/2 & b^2/4 \end{bmatrix} \end{aligned} \quad (5\text{-}5)$$

式中，E_4 为缩放矩阵且其元素为固定值，因此可以将该矩阵所执行的缩放操作移入量化过程中。移除 E_4 得到 4×4 整数变换为

$$Y = C_4 X C_4^{\mathrm{T}} = \begin{bmatrix} 1 & 1 & 1 & 1 \\ 2 & 1 & -1 & -2 \\ 1 & -1 & -1 & 1 \\ 1 & -2 & 2 & -1 \end{bmatrix} X \begin{bmatrix} 1 & 2 & 1 & 1 \\ 1 & 1 & -1 & -2 \\ 1 & -1 & -1 & 2 \\ 1 & -2 & 1 & -1 \end{bmatrix} \quad (5\text{-}6)$$

定义 $D_4 = \begin{bmatrix} 1 & 1 & 1 & 1 \\ 1 & 1/2 & -1/2 & -1 \\ 1 & -1 & -1 & 1 \\ 1/2 & -1 & 1 & -1/2 \end{bmatrix}$，得到逆变换为

$$X = D_4 Y D_4^{\mathrm{T}} \quad (5\text{-}7)$$

H.264 所使用的整数 8×8 变换的推导过程与整数 4×4 变换的推导过程类似，8×8 整数变换矩阵为

$$C_8 = \begin{bmatrix} 8 & 8 & 8 & 8 & 8 & 8 & 8 & 8 \\ 12 & 10 & 6 & 3 & -3 & -6 & -10 & -12 \\ 8 & 4 & -4 & -8 & -8 & -4 & 4 & 8 \\ 10 & -3 & -12 & -6 & 6 & 12 & 3 & -10 \\ 8 & -8 & -8 & 8 & 8 & -8 & -8 & 8 \\ 6 & -12 & 3 & 10 & -10 & -3 & 12 & -6 \\ 4 & -8 & 8 & -4 & -4 & 8 & -8 & 4 \\ 3 & -6 & 10 & -12 & 12 & -10 & 6 & -3 \end{bmatrix}$$

在帧内预测编码中，H.264 针对 16×16 亮度块和 8×8 色度块采用了基于直流系数重组的 4×4 变换去除相邻块在变换之后直流系数之间的相关性，如图 5-8 所示。

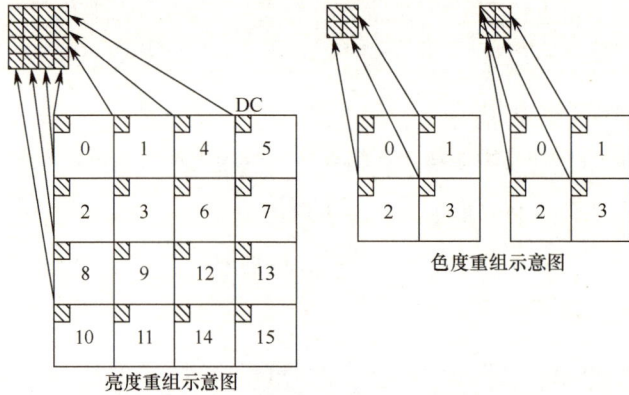

图 5-8　直流系数重组变换示意图

具体来说，对于 16×16 亮度块，首先对块内每个 4×4 块进行整数变换，再提取 16 个 4×4 块的直流系数组成新的 4×4 系数矩阵 $\boldsymbol{M}_1$，然后对 $\boldsymbol{M}_1$ 进行离散哈达玛变换，即

$$\boldsymbol{Y}_1 = \frac{1}{2}\left(\begin{bmatrix} 1 & 1 & 1 & 1 \\ 1 & 1 & -1 & -1 \\ 1 & -1 & -1 & 1 \\ 1 & -1 & 1 & -1 \end{bmatrix} \boldsymbol{M}_1 \begin{bmatrix} 1 & 1 & 1 & 1 \\ 1 & 1 & -1 & -1 \\ 1 & -1 & -1 & 1 \\ 1 & -1 & 1 & -1 \end{bmatrix}\right) \qquad (5\text{-}8)$$

对于 8×8 色度块，首先对块内每个 4×4 块进行整数变换，再提取每个 4×4 块的直流系数组成 2×2 系数矩阵 $\boldsymbol{M}_c$，最后对 $\boldsymbol{M}_c$ 进行离散哈达玛变换，即

$$\boldsymbol{Y}_c = \frac{1}{2}\left(\begin{bmatrix} 1 & 1 \\ 1 & -1 \end{bmatrix} \boldsymbol{M}_c \begin{bmatrix} 1 & 1 \\ 1 & -1 \end{bmatrix}\right) \qquad (5\text{-}9)$$

5.1.3　量化

H.264 所采用的量化模式为标量量化，若直接将整数变换中的缩放矩阵与量化相结合，则量化公式为

$$Z_{i,j} = \text{round}\left(\frac{Y_{i,j} \times S_{i,j}}{Q_{\text{step}}}\right) \qquad (5\text{-}10)$$

式中，$Y_{i,j}$ 为变换系数矩阵 $\boldsymbol{Y}$ 在 (i,j) 处的系数；$S_{i,j}$ 为缩放矩阵 $\boldsymbol{S}$ 在 (i,j) 处的缩放尺度值；Q_{step} 为量化步长；$Z_{i,j}$ 为量化后的索引值。H.264 中量化步长共分 52 个等级，由量化参数（Quantization Parameter，QP）控制。H.264 量化参数与量化步长映射表如表 5-1 所示。

表 5-1　H.264 量化参数与量化步长映射表

QP	0	1	2	3	4	⋯	24	⋯	36	⋯	51
Q_{step}	0.625	0.678 5	0.812 5	0.875	1	⋯	10	⋯	40	⋯	224

在量化实现的过程中，如果直接对 $Y_{i,j}$ 进行尺度缩放再除以量化步长，则需要进行除法运算且无法用移位操作代替，因此不利于硬件实现。为解决这一问题，H.264 将尺度缩放和量化相结合，用移位代替除法运算，得到

$$Z_{i,j} = \text{round}\left(\dfrac{Y_{i,j} \times E_{i,j} \times \dfrac{2^{15+\text{floor}\left(\frac{\text{QP}}{6}\right)}}{Q_{\text{step}}}}{2^{15+\text{floor}\left(\frac{\text{QP}}{6}\right)}}\right) \tag{5-11}$$

式中，$E_{i,j} \times 2^{15+\text{floor}(\text{QP}/6)} / Q_{\text{step}}$ 可简化表示为 $Q(\text{QP}, i, j)$，因此式（5-11）可简化为

$$Z_{i,j} = \text{round}\left(\dfrac{Y_{i,j} \times Q(\text{QP}, i, j)}{2^{15+\text{floor}\left(\frac{\text{QP}}{6}\right)}}\right) \tag{5-12}$$

H.264 为 $Q(\text{QP}, i, j)$ 建立了映射表，其中 4×4 整数变换量化映射表如表 5-2 所示，表中 $\text{MOD}(\cdot)$ 表示相除取余数。对于每个固定的 QP，$Q(\text{QP}, i, j)$ 有三种取值，分别对应矩阵 E_4 中的三种取值。该量化表以 6 为周期，当 QP 大于 5 时，$Q(\text{QP}, i, j) = Q(\text{MOD}(\text{QP}, 6), i, j)$。在解码端，逆变换的缩放和反量化相结合，得到

$$\hat{Y}_{i,j} = \text{round}\left(\dfrac{Z_{i,j} \times \text{Dq}(\text{QP}, i, j)}{2^{6-\text{floor}\left(\frac{\text{QP}}{6}\right)}}\right) \tag{5-13}$$

与编码器类似，解码器采用了以 6 为周期的反量化 $\text{Dq}(\text{QP}, i, j)$ 对应的映射表，如表 5-3 所示，每个 QP 也有三种取值。

表 5-2　4×4 整数变换量化映射表

MOD (QP,6)	(i,j) (0,0)，(2,0)，(2,2)，(0,2)	(i,j) (1,1)，(1,3)，(3,1)，（3,3)	其他位置
0	13 107	5 243	8 066
1	11 916	4 660	7 490
2	10 082	4 194	6 554
3	9 362	3 647	5 825
4	8 192	3 355	5 243
5	7 282	2 893	4 559

整数变换 / 逆变换的缩放以及与量化 / 反量化相结合的编码方式，使得整个变换量化的过程仅通过整数加法、乘法和移位就可以完成，计算复杂度低，并且保证编码端和解码端对变换系数的缩放是一致的。

表 5-3　4 × 4 整数变换反量化映射表 Dq(QP,i,j)

MOD (QP,6)	(i,j) (0,0)，(2,0)，(2,2)，(0,2)	(i,j) (1,1)，(1,3)，(3,1)，（3,3）	其他位置
0	10	16	13
1	11	18	14
2	13	20	16
3	14	23	18
4	16	25	20
5	18	29	23

5.1.4　熵编码

H.264 提供了两种熵编码方法：基于上下文的自适应变长编码（Context Adaptive Variable Length Coding，CAVLC）和基于上下文的自适应二进制算术编码（Context Adaptive Binary Arithmetic Coding，CABAC）。CAVLC 主要根据之前已编码变换系数的分布规律，在不同码表之间实现自适应切换，获取编码效率最高的码表，从而提高熵编码的效率。但 CAVLC 并不能随条件符号的统计特性实现真正意义上的自适应切换，只能在有限的码表中选择最优码表进行熵编码。为了实现对变换系数的高效编码，H.264 还提供了 CABAC，该方法能无限逼近信源分布概率且编码效率相比于 CAVLC 有 9%～14% 的性能提升，但需要更高的计算复杂度。

1. CAVLC

在混合视频编码框架下，经过预测、变换和量化得到的系数具有以下特点。

（1）能量分布较为稀疏，存在很多零系数。

（2）非零系数中，低频系数的幅值较大，高频系数的幅值较小。

（3）经过 Zig-Zag 扫描后，高频系数大多表现为交替分布。

（4）相邻块中非零系数的个数相关性较强。

根据残差系数的分布规律，CAVLC 采用游程编码来紧凑地表示零串，将 ±1 序列拆分为符号位和幅值分开编码，通过最近编码的幅值来自适应选择码表，参考相邻块非零系数的个数来选择编码系数个数的码表，从而提升变长编码的效率。由于系数的零值和绝对值为 1 的序列大多集中在高频系数部分，因此熵编码以逆序方式进行，从最后一个系数开始，到第一个系数结束。具体的编码过程如下。

（1）对非零系数的个数和拖尾系数的个数进行编码。其中，拖尾系数是指从残差变换系数的最后一个非零系数开始扫描，其绝对值为 1 且相连的系数的个数。如果拖尾系数的个数大于 3，则只有最后三个系数被视为拖尾系数，其他系数按照编码普通非零系数的方式编码。

（2）依次编码每个绝对值为 1 的拖尾系数的符号。正数记为 0，负数记为 1。

（3）依次编码每个拖尾系数以外的非零系数。该编码过程会参考邻近已编码的非零系数来自适应选择当前系数的码表。

（4）编码最后一个非零系数前零系数的个数。

（5）依次编码每个非零系数前零系数的个数。若除最后一个非零系数外，没有其他非零系数需要编码，则不需要此步。

2. CABAC

与 CAVLC 不同，CABAC 会先对每个语法元素二值化后，再根据每个语法元素的上下文来选取预测模型，同时这些预测模型会根据已编码的真实值实时更新，且使用算术编码来编码每个二值化后的比特，因此其具有更高的编码效率。但是由于其预测模型需要实时更新，因此块级之间存在依赖性，不利于编码器并行处理，且相比于 CAVLC 通过简单查表就能进行编码，CABAC 的计算复杂度更高。具体编码过程如下。

（1）二值化：对于每个非二值的语法元素，该编码过程将其映射为一个唯一的二元序列，称为 bin 串。

（2）选择上下文模型：上下文模型是指对第（1）步中生成的 bin 串的每个 bit 使用的概率模型。该模型根据最近已编码符号的统计结果来确定。

（3）算术编码：根据已选择的概率模型对相应的二元符号进行算术编码。

（4）更新预测模型：根据实际编码的符号对选择的预测模型进行更新，若当前编码符号为 1，则符号 1 对应的概率会增大。

5.1.5　环路滤波

环路滤波是一种后处理方法，位于逆变换和反量化之后，用于对重建帧进行滤波，以作为后续待编码帧的参考帧。H.264 中的环路滤波处理技术主要是进行去块效应滤波。由于 H.264 采用基于宏块的编码方式，每个宏块的变换和量化过程都独立进行，因此会造成宏块边界块效应。同时，由于运动补偿的存在，相邻块之间采用的参考块可能来自不同视频帧的不同位置，同样会有明显的块效应。因此，H.264 中应用环路去块效应滤波技术去除块效应，提高质量的同时也提高编码效率。

H.264 的基本档次中规定环路滤波以宏块为单位进行，在每个 4×4 边界进行水平和垂直两个方向上的滤波。如图 5-9 所示，16×16 亮度宏块会被划分为 16 个 4×4 小块，然后对 4 条垂直边界和 4 条水平边界（见图 5-9 中的虚线）分别进行滤波，对应的 8×8 色度宏块则被划分为 4 个 4×4 小块，同样对两条垂直边界和两条水平边界分别进行滤波。滤波遵循先垂直方向滤波再水平边界滤波，先亮度分量滤波再色度分量滤波的顺序。

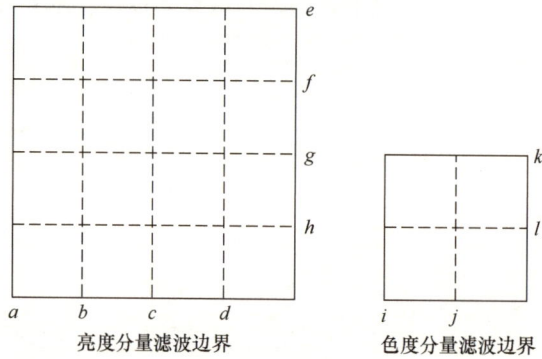

图 5-9　滤波边界示意图

为避免对真实图像边界进行滤波而引入新的误差，如何判断图像中的真实边界和伪边界也是滤波技术中十分重要的一环。H.264 中假设真实边界两边的像素点差值通常大于伪边界，同时这个差值阈值的定义还应与对应块 QP 的大小有关。一般来说，QP 越大所对应的差值阈值越大，具体计算方法如式（5-14）所示。H.264 边界像素位置示意图如图 5-10 所示。

$$|p_0 - q_0| < \alpha(\text{Index}_A)$$
$$|p_1 - p_0| < \beta(\text{Index}_B)$$
$$|q_1 - q_0| < \beta(\text{Index}_B)$$
$$\text{Index}_A = \begin{cases} 0 & , \quad \text{QP} + \text{Offset}_A \leqslant 0 \\ \text{QP} + \text{Offset}_A & , \quad 0 < \text{QP} + \text{Offset}_A < 51 \\ 51 & , \quad \text{QP} + \text{Offset}_A \geqslant 51 \end{cases} \quad (5\text{-}14)$$
$$\text{Index}_B = \begin{cases} 0 & , \quad \text{QP} + \text{Offset}_B \leqslant 0 \\ \text{QP} + \text{Offset}_B & , \quad 0 < \text{QP} + \text{Offset}_B < 51 \\ 51 & , \quad \text{QP} + \text{Offset}_B \geqslant 51 \end{cases}$$

式中，Offset_A 和 Offset_B 为编码参数，量化参数 QP 的取值范围为 0～51，α、β 与 QP 的关系为

$$\begin{cases} \alpha = 0.8 \times (2^{\text{QP}/6} - 1) \\ \beta = 0.5 \times \text{QP} - 7 \end{cases} \quad (5\text{-}15)$$

若将当前边界确定为需要滤波的伪边界，则滤波过程还需要先判断边界强度（Boundary Strength，BS），再根据不同边界强度选择对应的滤波器进行像素级滤波处理。对于边界强度判

断，一般遵循以下两个原则。

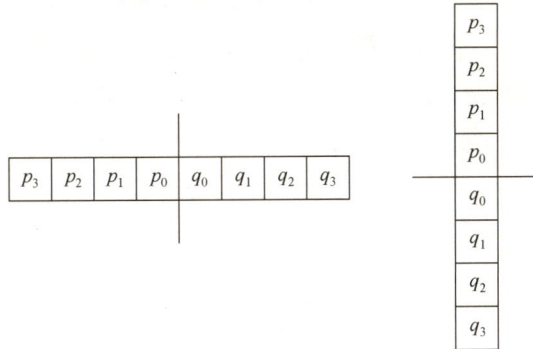

图 5-10　H.264 边界像素位置示意图

（1）对于平坦区域，即使是微小的像素不连续也容易被人眼察觉，因此应使用较强的滤波强度以达到平滑处理的效果。

（2）对于复杂纹理区域，使用较弱的滤波强度以尽可能保留更多的纹理细节。

边界强度主要由宏块类型、边界位置、编码系数、运动矢量等因素决定，根据边界滤波强度的不同，需要滤波的像素点个数和所需要使用的滤波器也不同。表 5-4 所示为 H.264 边界滤波强度判断条件。

表 5-4　H.264 边界滤波强度判断条件

强度判断条件	BS
p 或 q 是帧内编码块，且边界是宏块边界	BS=4
p 或 q 是帧内编码块，且边界不是宏块边界	BS=3
p 和 q 都不是帧内编码块，且 p 或 q 包含非 0 编码系数	BS=2
p 和 q 都不是帧内编码块，p 和 q 都不包含非 0 编码系数，且 p 和 q 的任一方向的运动矢量差值不小于一个整像素	BS=1
p 和 q 都不是帧内编码块，p 和 q 都不包含非 0 编码系数，p 和 q 的任一方向的运动矢量差值均小于一个整像素，且 p 和 q 运动补偿的参考帧不同	BS=1
其他情况	BS=0

5.2　H.265/HEVC 视频编码标准

新一代视频编码标准 H.265/HEVC（High Efficiency Video Coding，高效视频编码）与以往的视频编码标准一样，依旧采用基于混合编码框架实现，其主要功能模块包括帧内预测、帧间预测、变换、量化、环路滤波和熵编码等。相比于 H.264，H.265/HEVC（以下称为 H.265）的功能模块都应用了新的技术，由此带来了整体性能的提升。在编码块划分方面，H.265 使用了四叉树划分，而不再是固定大小的宏块；在帧内预测方面，增加了更多的帧内预测模式；在帧间预测方面，引入了运动信息合并（Merge）模式、高级运动矢量预测（Advanced Motion Vector Prediction，AMVP）模式、跳过（Skip）模式；在变换和量化方面，应用了残差四叉树变换（Residual Quad-tree Transform，RQT）技术；在环路滤波方面，在去块效应滤波器之后引入了样本自适应偏移滤波（Sample Adaptive Offset，SAO）技术。除此之外，H.265 还引入了很多并行计算思路，为硬件并行化实现提供技术支持。

5.2.1 基于四叉树结构的树形编码块

为了适应高清视频／超高清视频的特性，H.265 引入了基于四叉树结构的树形编码单元（Coding Tree Unit，CTU），其尺寸由编码器指定，包含一个 $N \times N$ 大小的亮度分量树形编码块（Coding Tree Block，CTB）和两个 $N/2 \times N/2$ 大小的色度分量树形编码块，N 的取值可为 16、32 或 64。

H.265 在应用 CTU 的同时，在编码过程中还引入了编码单元（Coding Unit，CU）、预测单元（Prediction Unit，PU）及变换单元（Transform Unit，TU）。一个 CTU 可以包含一个或多个 CU，而每个 CU 在进行预测编码时，可以进一步划分为多个 PU；在进行变换和量化时，每个 CU 又可以划分为多个 TU。总体而言，H.265 中的 CTU 类似于 H.264 中的宏块，CU 是编码的基本单元，PU 是预测编码的基本单元，TU 是进行变换和量化的基本单元。

1. CU

在 H.265 中，一幅视频帧首先被划分为若干个互不重叠的 CTU，然后每个 CTU 进一步以四叉树的结构划分成 4 个 CU，每个 CU 还能进一步划分成更小的 CU，如图 5-11 所示。需要注意的是，CU 的大小可以是 64×64、32×32、16×16 及 8×8，即 CU 可以和 CTU 具有同样的大小。CU 是否进一步划分为更小的 CU，由分割标志位（Split flag）指定：当 Split flag 为 0 时，CU 将停止划分，并作为后续编码过程的基本单元；当 Split flag 为 1 时，CU 将进一步划分为 4 个更小的 CU，然后对每个 CU 进行划分判断。相比于 H.264 基于宏块的编码架构，H.265 基于四叉树结构的树形编码架构有以下优点。

（1）支持更大的编码单元划分尺寸，满足高清和超高清视频编码需求。

（2）支持更细致、更多样化的结构划分，对于视频中具有不同纹理、不同大小的物体能实现更精细化的编码。

（3）编码结构可以用 CTU 大小、Split flag 等进行简单表示，并且不再有 H.264 中宏块与小块的区分。

2. PU

每个 CU 在进行预测编码时可以进一步划分为多个 PU，而 PU 不能进一步划分。PU 是

H.265 进行预测编码的基本单元，一切与预测相关的信息都定义在 PU 中，包括帧内预测信息和帧间预测信息。

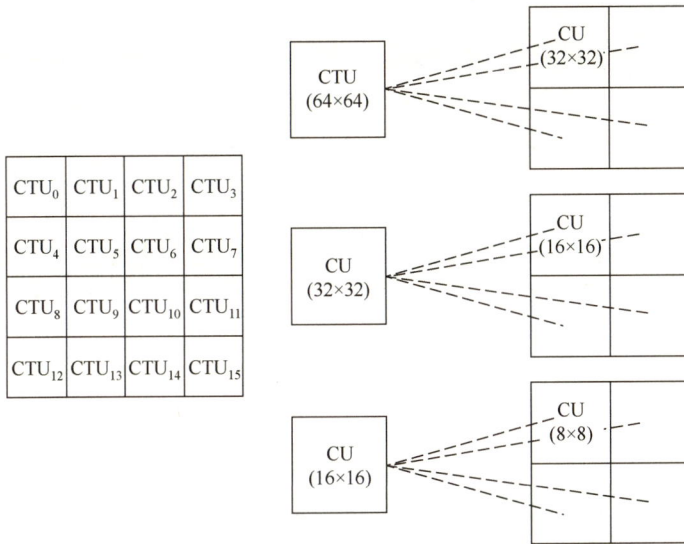

图 5-11　四叉树结构划分

在进行帧内预测时，一个 $2N \times 2N$ 的 CU 可以被直接定义为一个 $2N \times 2N$ 的 PU 或被划分为 4 个 $N \times N$ 的 PU，如图 5-12 所示。

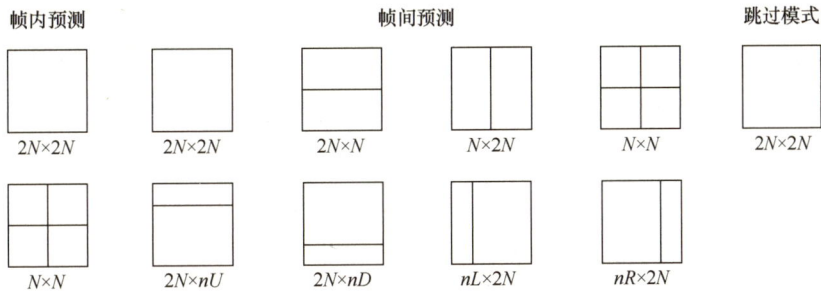

图 5-12　不同预测模式下亮度分量的 PU 划分

在进行帧间预测时，一个 $2N \times 2N$ 的 CU 有 8 种 PU 划分方案，包括：① 1 个 $2N \times 2N$ 的 PU；② 2 个 $2N \times N$ 的 PU；③ 2 个 $N \times 2N$ 的 PU；④ 4 个 $N \times N$ 的 PU；⑤ 2 个 $2N \times nU$ 的 PU，n 分别为 1 和 3；⑥ 2 个 $2N \times nD$ 的 PU，n 分别为 3 和 1；⑦ 2 个 $nL \times 2N$ 的 PU，n 分别为 1 和 3；⑧ 2 个 $nR \times 2N$ 的 PU，n 分别为 3 和 1。其中，$2N = 4U = 4D = 4L = 4R$。对于帧间预测，还存在一种特殊的预测模式，即跳过模式。在跳过模式下，当前预测单元需要编码的运动信息只有运动参数集索引，并且预测残差不需要编码。在跳过模式下，PU 和 CU 相同，为 $2N \times 2N$。

上述是亮度分量的 PU 划分方式，色度分量的 PU 划分在大部分情况下与亮度分量的 PU 划分保持一致。只有当亮度分量 CU 的大小为 8×8 时，如果色度分量 CU 的大小为 4×4（如

YUV420 格式视频），为了避免 PU 尺寸小于 4×4，那么色度分量 CU 将不再进行划分。

3. TU

TU 是 H.265 完成变换和量化的基本单元。每个 CU 在进行变换和量化时可以按照四叉树结构进一步划分为多个 TU，而每个 TU 也能以四叉树结构进一步划分为多个更小的 TU。

虽然一个 CU 的 TU 划分独立于 PU 的划分，但是在部分情况下，TU 的尺寸和形状受限于 PU 的尺寸和形状。具体来说，如果 CU 采用的是帧内预测，那么 TU 的尺寸应小于或等于 PU 的尺寸；如果 CU 采用的是帧间预测，那么 TU 的尺寸不受限于 PU 的尺寸。如果 PU 是正方形，那么 TU 也是正方形；如果 PU 是非正方形，那么 TU 也是非正方形。

5.2.2 帧内预测

在帧内预测编码中，H.265 使用已编码的像素来预测待编码像素，将得到的预测残差再进行编码。与 H.264 相比，H.265 采用了更多的帧内预测模式。

1. 预测模式

H.265 的亮度分量帧内预测对于各种大小的预测单元，都支持同样的 35 种预测模式，包括 2 种非方向性预测模式（Planar 模式、DC 模式）及 33 种方向性预测模式，H.265 帧内预测模式如图 5-13 所示。图 5-13 中 $U_{x,y}$ 表示待编码单元像素，$T_{x,y}$ 表示右上方已编码相邻像素，$L_{x,y}$ 表示左下方已编码相邻像素，LT 表示左上方已编码相邻像素。从图 5-13 中可以看出，与 H.264 相比，H.265 的帧内预测增加使用了左下方的相邻像素作为预测用的参考像素。

LT	$T_{1,0}$	$T_{2,0}$	...	$T_{N,0}$	$T_{N+1,0}$	$T_{N+2,0}$	...	$T_{2N,0}$
$L_{0,1}$	$U_{1,1}$	$U_{2,1}$	...	$U_{N,1}$				
$L_{0,2}$	$U_{1,2}$	$U_{2,2}$	...	$U_{N,2}$				
⋮	⋮	⋮	⋮	⋮				
$L_{0,N}$	$U_{1,N}$	$U_{2,N}$	...	$U_{N,N}$				
$L_{0,N+1}$								
$L_{0,N+2}$								
⋮								
$L_{0,2N}$								

图 5-13　H.265 帧内预测模式

表 5-5 所示为帧内预测 35 种预测模式编号，0 为 Planar 模式，1 为 DC 模式，2～34 为 33 种方向性预测模式。Planar 模式适用于像素值缓慢变化的区域，DC 模式适用于大面积平坦区域。H.265 采用的 33 种方向性预测模式与预测方向如图 5-14 所示，是对 H.264 中方向性预测模式的细化。

表 5-5　帧内预测 35 种预测模式编号

预测模式	Planar 模式	DC 模式	33 种方向性预测模式
模式编号	0	1	2～34

在 33 种方向性预测模式中，模式 2～17 为水平类预测模式，模式 18～34 为垂直类预测模式。模式 2～10 只会使用左侧相邻像素作为当前预测单元的参考像素，模式 26～34 只会使用上侧相邻像素作为参考像素，模式 11～25 将同时使用左侧和上侧的相邻像素作为参考像素。

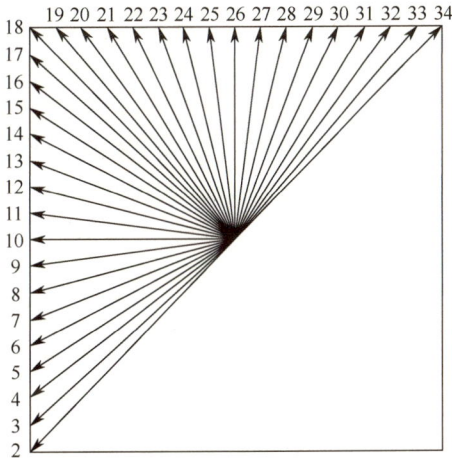

图 5-14　H.265 采用的 33 种方向性预测模式与预测方向

2. 相邻参考像素获取

当前预测单元的相邻参考像素可分为左下（LD）、左侧（L）、左上（LT）、上侧（T）和右上（RT）共 5 个区域，如图 5-15 所示。如果当前预测单元位于图像或片（Slice）、条带（Tile）的边界，或者左下（LD）或右上（RT）区域的参考像素尚未编码，则会导致部分区域的参考像素不可用。在这种情况下，H.265 将使用这些区域最相邻的像素进行填充后再用于参考。具体来说，区域 LD 的参考像素可用区域 L 最下方的像素进行填充，区域 RT 的参考像素可用区域 T 最左边的像素进行填充。当所有参

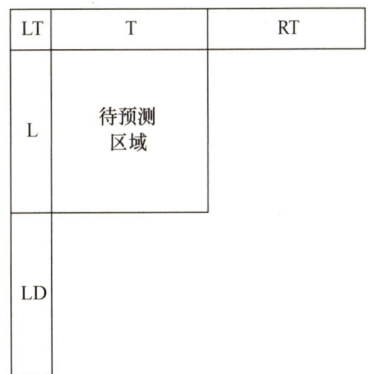

图 5-15　相邻参考像素位置

考像素都不可用时，如视频第一帧的第一个预测块，所有参考像素将用固定值填充：对于 8bit 像素，该值为 128；对于 10bit 像素，该值为 512。

3. 参考像素平滑滤波

H.265 在进行帧内预测时对某些模式下的参考像素进行了滤波，以提高帧内预测的精度和效率。具体来说，对于 8×8 预测单元，仅在采用模式 2、18、34 及 Planar 模式时进行滤波；对于 16×16 预测单元，在采用模式 2～8、12～24、28～34 及 Planar 模式时需要进行滤波；对于 32×32 预测单元，在采用模式 2～9、11～25、27～34 及 Planar 模式时需要进行滤波。

进行滤波时采用抽头系数为 [0.25, 0.5, 0.25] 的滤波器，第一个参考像素和最后一个参考像素保持不变，其他参考像素依次进行滤波。

5.2.3 帧间预测

1. 亚像素精度运动估计

H.265 对亮度分量采用 1/4 像素精度运动估计，对色度分量采用 1/8 像素精度运动估计，为实现精度更高的运动估计采用更加复杂的插值算法。

（1）亮度分量亚像素精度插值。

H.265 运动估计中 1/4 像素精度插值示意图如图 5-16 所示，首先，从水平方向对整像素位置 A～B 进行插值，得到水平方向 1/4 像素位置 q_1、1/2 像素位置 q_2 和 3/4 像素位置 q_3 处的数值；然后，从垂直方向对整像素位置 A～C 进行插值，得到垂直方向 1/4 像素位置 q_4、1/2 像素位置 q_8 和 3/4 像素位置 q_{12} 处的数值；最后，从垂直方向对 q_1 与 r_1 之间、q_2 与 r_2 之间及 q_3 与 r_3 之间的位置进行插值，得到余下 9 个位置 q_5、q_9、q_{13}、q_6、q_{10}、q_{14}、q_7、q_{11} 和 q_{15} 处的数值。

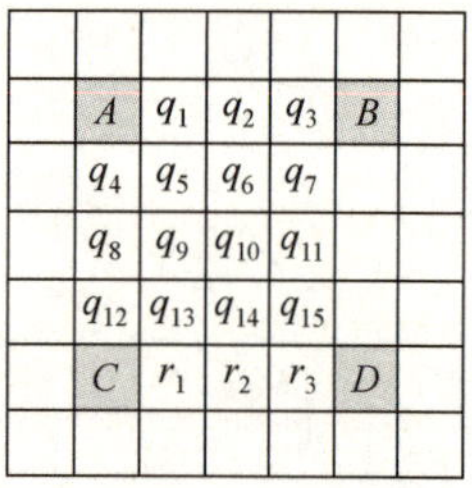

图 5-16 H.265 运动估计中 1/4 像素精度插值示意图

在插值过程中，进行 1/4、1/2 和 3/4 像素插值时所用滤波器抽头系数不同。其中进行 1/4 像素插值时采用 7 抽头滤波器，其系数为 [-1, 4, -10, 58, 17, -5, 1]；进行 1/2 像素插值时采用 8 抽头滤波器，其系数为 [-1, 4, -11, 40, 40, -11, 4, -1]；进行 3/4 像素插值时采用 7 抽头滤波器，其系数为 [1, -5, 17, 58, -10, 4, -1]。

（2）色度分量亚像素精度插值。

对于 YUV420 格式视频，由于色度分量大小是亮度分量大小的两倍，当亮度分量使用 1/4 像素精度运动估计时，色度分量采用 1/8 像素精度运动估计。色度分量亚像素精度插值过程与亮度分量亚像素精度插值过程类似，不同点在于，色度分量 1/8 像素精度插值过程使用的是 4 抽头滤波器，色度分量插值滤波器抽头系数如表 5-6 所示。

表 5-6　色度分量插值滤波器抽头系数

插值	系数
1/8 像素插值	−2, 58, 10, −2
1/4 像素插值	−4, 54, 16, −2
3/8 像素插值	−6, 46, 28, −4
1/2 像素插值	−4, 36, 36, −4
5/8 像素插值	−4, 28, 46, −6
3/4 像素插值	−2, 16, 54, −4
7/8 像素插值	−2, 10, 58, −2

2. 运动矢量预测

由于运动矢量在空间和时序上有较强的相关性，因此 H.265 利用空间或时序上相邻预测单元的运动矢量来预测当前预测单元的运动矢量，并对预测残差进行编码，从而降低运动参数编码所需的比特数。H.265 在运动矢量预测方面引入了运动信息合并（Merge）模式和高级运动矢量预测（Advanced Motion Vector Prediction，AMVP）模式提高预测效率。

Merge 和 AMVP 两种模式都被应用于帧间预测编码，不同点在于 Merge 模式下当前预测单元直接使用预测所得运动矢量进行帧间预测，不对运动矢量进行修正；而 AMVP 模式会在预测所得到运动矢量的基础上加上真实运动矢量和预测运动矢量之间的残差，用得到的结果进行帧间预测。同时，Merge 模式和 AMVP 模式的运动矢量候选列表及其构成方式也存在差异。

（1）Merge 模式。

在 Merge 模式中，H.265 首先利用运动矢量构造候选列表，然后依次将候选列表中的运动矢量作为当前预测单元的运动矢量进行帧间预测，最后根据率–失真优化准则选取率–失真代价最小的运动矢量作为当前预测单元的运动矢量。编码器只需要编码最终选取的运动矢量在候选列表中的索引，而不需要编码具体的运动矢量，从而大幅降低了因编码运动矢量而耗费的比特数。

Merge 模式的运动矢量候选列表包含空域候选列表和时序候选列表。空域候选列表构建时，将依次从如图 5-17 所示的 LD_1、RT_1、RT_0、LD_0、LT 像素位置中最多选取 4 个位置的候选预测单元，将其运动矢量加入空域候选列表。只有当 LD_1、RT_1、RT_0、LD_0 中有一个或多个不可用时，才会使用 LT 处的候选预测单元。

需要注意的是，对于 $N \times 2N$、$nL \times 2N$ 或 $nR \times 2N$ 的矩形划分方式，如图 5-18（a）所示，以及 $2N \times N$、$2N \times nU$ 或 $2N \times nD$ 的矩形划分方式，如图 5-18（b）所示，要进

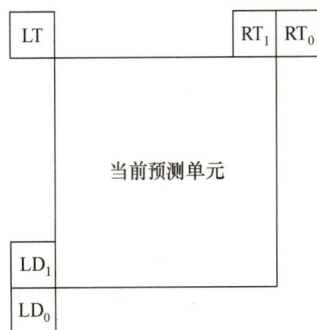

图 5-17　构建空域运动矢量候选列表时相邻预测单元示意图

81

行特殊处理。具体来说，图 5-18（a）中的 PU_1 在构建空域候选列表时，不能选取图 5-17 中 LD_1 位置的候选预测单元；图 5-18（b）中的 PU_1 则不能选取 RT_1 位置的候选预测单元。如果使用对应位置预测单元的运动矢量，则 PU_1 将与 PU_0 使用同样的运动矢量，就失去了对预测单元进行进一步划分的意义。

构建时域候选列表时，将依次从如图 5-19 所示的 RD_0 和 I_0 像素位置中最多选取 1 个位置的候选预测单元，将其运动矢量加入时域候选列表中。

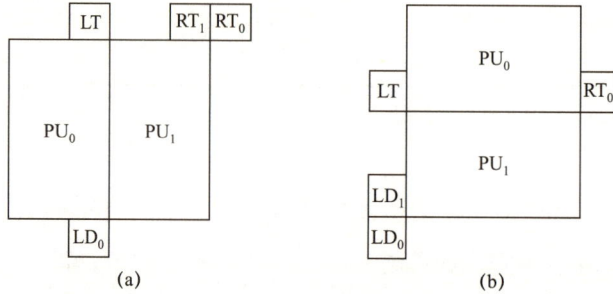

图 5-18　构建空域运动矢量候选列表时的两种特殊情况

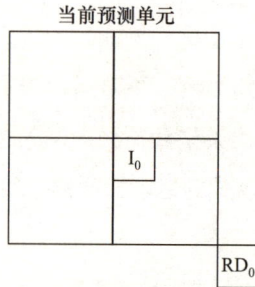

图 5-19　构建时域运动矢量候选列表时的相邻预测单元示意图

空域候选列表和时域候选列表共同组成了 Merge 模式的候选列表。在组合两个列表时，相同的运动矢量会被合并，当候选列表中运动矢量的数目不足 5 个时，将使用 (0,0) 进行填充。

（2）AMVP 模式。

AMVP 模式会在预测运动矢量的基础上加上运动矢量残差作为最终的运动矢量，相比于 Merge 模式需要额外编码运动矢量残差。AMVP 模式的候选列表和 Merge 模式的候选列表一样，包括空域候选列表和时域候选列表。对于空域候选列表，AMVP 模式将从图 5-17 中当前预测单元左侧候选位置 LD_1、LD_0 和上侧候选位置 RT_1、RT_0、LT 中各选出一个候选块，将其运动矢量填入空域候选列表。需要说明的是，AMVP 模式的候选列表的运动矢量数目为 2。只有当空域候选列表中运动矢量的数目不足 2 个时，才使用时域候选列表。AMVP 模式的时域候选列表的构造过程与 Merge 模式的相同。如果在加入了时域候选列表后，AMVP 模式的候选列表中运动矢量的数目依然不足 2 个，则使用 (0,0) 进行填充。

5.2.4　变换与量化

1. 整数变换

H.265 依然采用整数离散余弦变换进行变换编码，但其变换系数矩阵与 H.264 所使用的不同。另外，不同于 H.264 中仅使用 4×4 大小的整数离散余弦变换，H.265 支持更多、更大尺寸的变换。具体来说，H.265 中的变换是以变换单元（TU）为基本单位进行的，TU 有 4 种大小：32×32、16×16、8×8 和 4×4。对于每种大小的 TU，H.265 中都有对应的整数离散余弦变换。

在 H.265 中，4×4 整数离散余弦变换矩阵为

$$H_4 = \begin{bmatrix} 64 & 64 & 64 & 64 \\ 83 & 36 & -36 & -83 \\ 64 & -64 & -64 & 64 \\ 36 & -83 & 83 & -36 \end{bmatrix}$$

4×4 整数离散余弦变换的实现方式为

$$Y = (H_4 X H_4^{\mathrm{T}}) \cdot \frac{1}{128} \cdot \frac{1}{128} \tag{5-16}$$

式中，1/128 作为尺度调整系数，用于调整离散余弦变换系数的幅值。

对于 8×8、16×16 和 32×32 这三种尺寸的整数离散余弦变换，H.265 中都有固定的变换矩阵，并且使用相应的尺度调整系数来调整变换系数的幅值。

在 H.265 中，对于 4×4 大小的亮度分量帧内预测残差，使用整数离散正弦变换（Discrete Sine Transform，DST），这是因为离散正弦变换较离散余弦变换更适合帧内预测残差的统计特性，能达到更高效的去相关性。

2. 量化

H.265 可采用传统的标量量化方法对变换系数进行量化，即

$$V = \left\lfloor \frac{C}{Q_{\text{step}}} + f \right\rfloor \tag{5-17}$$

式中，V 为量化后的值；C 为变换系数；Q_{step} 为量化步长；$\lfloor \cdot \rfloor$ 为向下取整函数；f 为补偿值，控制舍入关系。H.265 规定了 52 个量化步长，对应 52 个量化参数 QP，二者关系为

$$Q_{\text{step}} \approx 2^{(QP-4)/6}$$

对应于标量量化，H.265 中的反量化公式为

$$\hat{C} = V \cdot Q_{\text{step}} \tag{5-18}$$

式中，$\hat{C}$ 代表重建值。

H.265 允许编码端使用各种性能更优的量化方法，特别是引入了基于率–失真优化的自适应量化（Rate Distortion Optimized Quantization，RDOQ）技术。具体来说，传统的标量量化器都是以失真最小为目的设计的，而 RDOQ 技术则综合权衡码率和失真。对于系数 C，给定多个可选的量化值 $V_1, V_2, \cdots, V_m$，根据率–失真优化准则选取一个最优的量化值，即

$$V_{\text{opt}} = \underset{k=1,2,\cdots,m}{\arg\min}\{D(C,V_k) + \lambda \cdot R(V_k)\} \tag{5-19}$$

式中，V_{opt} 为最优量化值；$D(C,V_k)$ 为 C 量化为 V_k 时的失真；$R(V_k)$ 为 C 量化为 V_k 时所需编码比特数；λ 为拉格朗日因子。

5.2.5　熵编码

H.265 中的主要熵编码方法是基于上下文的自适应二进制算术编码（CABAC），将编码方式和编码内容联系起来，以获得更高的编码效率。H.265 中使用的 CABAC 算法与 H.264 中使用的算法基本类似，但利用编码树或变换树的划分深度不同，在上下文模型中新增了多种语法索引功能，使效率得到了提高。同时，H.265 中使用的 CABAC 算法为适应编码高分辨率视频的实时性要求，降低了上下文建模语法数量及数据间的相互依赖性，但其压缩性能依然更高。

在 H.265 中，CABAC 算法以 4×4 大小的子块为单位，对所有大小的 TU 进行变换系数扫描，包括对角扫描、水平扫描和垂直扫描，如图 5-20 所示。由于采用不同预测模式的变换单元，其系数分布往往具有一定规律，所以 H.265 详细规定了预测模式和扫描方式的对应关系，因此扫描方式不需要通过语法元素显示。例如，对于帧内预测中 4×4 和 8×8 大小的变换单元，如果其选中垂直预测模式，则使用水平扫描方式；对于帧间预测及其他大小的帧内预测变换单元，均采用对角扫描方式。

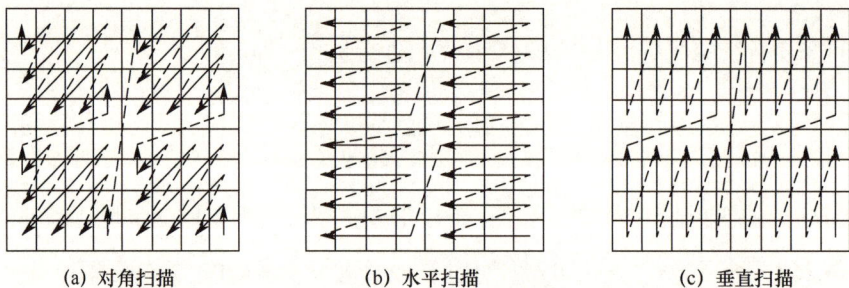

(a) 对角扫描　　　　　(b) 水平扫描　　　　　(c) 垂直扫描

图 5-20　H.265 中 8×8 变换单元系数扫描方式

在系数编码部分，H.265 需要对非零系数的位置和幅值信息进行 CABAC。与 H.264 相比，H.265 对变换系数编码做出了很多改进，同时引入了符号位数据隐藏技术，根据已编码系数的数量和位置来推断最后一个非零系数的符号，通过减少编码符号数据的比特数，提升压缩性能。

5.2.6　环路滤波

由于 H.265 依旧采用基于块的混合编码框架，因此压缩重建的视频帧内仍存在块效应、振铃效应等压缩失真。为了去除压缩失真，提高重建帧质量，H.265 采用了两种环路滤波器，包括去块效应滤波器（DeBlocking Filter，DBF）和样本自适应偏移（Sample Adaptive Offset，SAO）滤波器。环路滤波器位于编码器反量化、逆变换单元之后，用于提高重建帧质量，并用重建帧作为下一编码帧的参考帧。

1. 去块效应滤波器

H.265 中的去块效应滤波在亮度分量和色度分量上都是以 8×8 块为单位进行的。相比于 H.264，H.265 不再对 4×4 块进行边界滤波，这样做的好处在于可以避免极端情况下的计算复杂度激增问题，并且利于各个 8×8 块进行并行滤波。去块效应滤波仅在 8×8 块边界进行，不对非边界像素进行处理，并且滤波顺序为先垂直方向滤波再水平方向滤波。

去块效应滤波器定义了 3 个滤波强度等级（0、1、2）。如果相邻块中有任一编码块使用了帧内预测模式，则在它们的相邻边界处采用强度等级为 2 的去块效应滤波。如果相邻块都采用帧间预测模式，在满足以下任意一种情况时，则采用强度等级为 1 的去块效应滤波：①相邻块中存在任一编码块，其变换系数为 0；②相邻块选中了不同的参考帧；③相邻块运动矢量不同。如果滤波强度等级 2 和 1 的条件都不满足，则不进行滤波，即滤波强度等级为 0。

2. 样本自适应偏移滤波器

样本自适应偏移滤波是 H.265 引入的一项新型滤波技术，主要解决的问题是编码过程中由于高频系数量化失真而引起的边缘波纹现象，即振铃效应。样本自适应偏移滤波器有两种滤波模式：带状偏移（Band Offset）滤波模式和边缘偏移（Edge Offset）滤波模式。每个树形编码块（CTB）可以自适应选择进行带状偏移滤波或边缘偏移滤波。

在进行带状偏移滤波时，H.265 会将像素值范围平均划分为 32 个区间（带）。如果像素值为 8bit，即像素取值范围为 0～255，那么每个区间的宽度为 256/32＝8。一个 CTB 内的每个像素将根据其值所在区间，加上相应的补偿值，从而实现带状偏移滤波。每个区间的补偿值将编码进入码流，从而传输到解码端。

在进行边缘偏移滤波时，H.265 会根据像素与其相邻像素的大小情况，先将一个 CTB 内的所有像素分成 5 类，然后对每类像素分别进行补偿。H.265 中的边缘偏移滤波根据滤波方向，分为 4 种滤波模式：水平滤波模式、垂直滤波模式、135°方向滤波模式、45°方向滤波模式，4 种滤波模式定义的相邻像素的位置如图 5-21 所示，图中 c 为当前待分类像素，a、b 为其相邻像素。

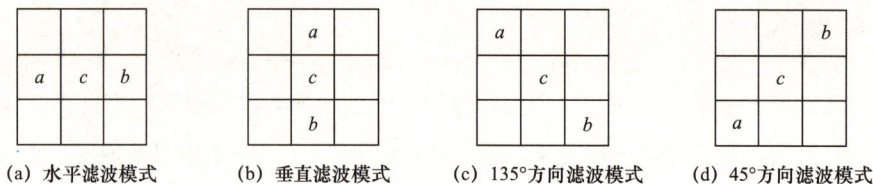

(a) 水平滤波模式   (b) 垂直滤波模式   (c) 135°方向滤波模式   (d) 45°方向滤波模式

图 5-21   4 种滤波模式定义的相邻像素的位置

根据当前待分类像素 c 和其相邻像素 a、b 的大小关系，边缘偏移滤波将所有像素分为 5 类，并对每类像素分别进行补偿。边界补偿分类（第 1～4 类）如图 5-22 所示。

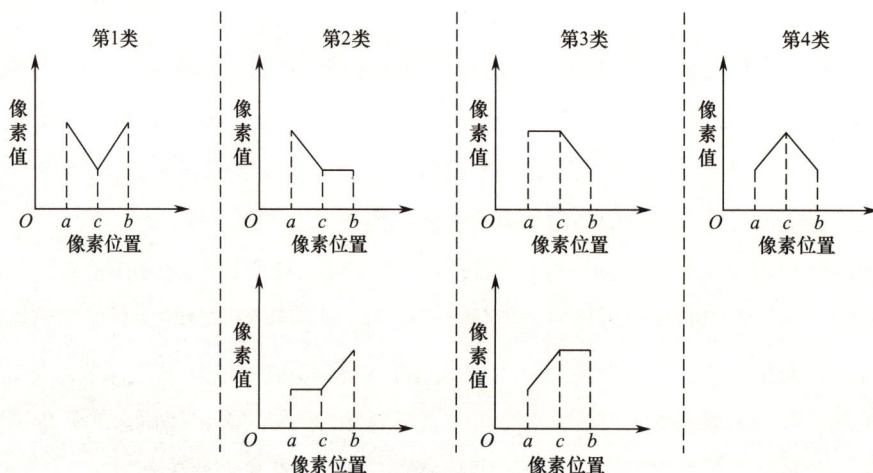

图 5-22   边界补偿分类（第 1～4 类）

像素分类条件如下。

（1）如果当前待分类像素 c 同时小于相邻像素 a 和 b，则当前像素位置为谷状边缘，将当前待分类像素 c 划分为第 1 类。

（2）如果当前待分类像素 c 与相邻像素 a、b 中任意一个相邻像素相等并小于另外一个相邻像素，则当前像素位置为凹角边缘，将当前待分类像素 c 划分为第 2 类。

（3）如果当前待分类像素 c 与相邻像素 a、b 中任意一个相邻像素相等并大于另外一个相邻像素，则当前像素位置为凸角边缘，将当前待分类像素 c 划分为第 3 类。

（4）如果当前待分类像素 c 同时大于相邻像素 a 和 b，则当前像素位置为峰状边缘，将当前待分类像素 c 划分为第 4 类。

（5）如果当前待分类像素 c 不满足以上任意一种情况，则被划分为第 0 类。

H.265 中的边缘偏移滤波会在一个 CTB 中的所有像素分类完成后，对各类像素进行补偿。其中同一类的像素使用相同的补偿值，不同类的像素之间可以使用不同的补偿值。另外，第 1 类和第 2 类像素只能使用非负补偿值，第 3 类和第 4 类像素只能使用非正补偿值，第 0 类像素不进行补偿。

5.3　AVS 视频编码标准

为满足我国数字电视广播、数字媒体、多媒体通信等应用对高效视频压缩的技术需求，我国 AVS（Audio Video coding Standard，音视频编码标准）工作组自主研发了 AVS。相比于 H.264 的视频编码标准，AVS 在编解码端都具有更低的算法复杂度，更重要的是，AVS 是我国具有自主知识产权的视频编码标准。

5.3.1　AVS 编码框架

AVS 采用了混合编码框架，主要模块包括帧间预测、帧内预测、变换、量化、熵编码和去块效应滤波。在 AVS 中，编码视频信号的每个视频帧都会被划分为固定大小的宏块，后续编码过程都以宏块为基本单位进行。对于常用的 YUV420 格式视频，一个宏块包括 1 个 16×16 大小的亮度分量和 2 个 8×8 大小的色度分量。每个宏块首先进行预测编码，通过帧内预测或帧间预测获取当前宏块的预测块，再通过计算当前宏块与预测块的差值，得到预测残差。预测残差经整数变换和量化后，按 Zig-Zag 顺序进行扫描，再进行熵编码，形成最终的码流。

5.3.2　AVS 编码模块

1. 帧内预测

AVS 中的帧间预测沿用了 H.264 帧内预测的思路，使用当前被编码宏块上方和左方已编码的宏块来预测当前宏块。但与 H.264 不同的是，为了降低预测复杂度，在 AVS 的帧内预测中，亮度分量和色度分量都以 8×8 的块为单位进行预测编码，并且预测模式种类也有所减少。具体来说，亮度分量仅支持 5 种预测模式：垂直模式、水平模式、DC 模式、Down-Left 模式、Down-Right 模式；色度分量仅支持 4 种预测模式：垂直模式、水平模式、DC 模式、Planar 模式，如表 5-7 所示。实验结果表明，虽然 AVS 相较于 H.264 采用了更少的预测模式，但是编码性能并没有受到太大的影响。

表 5-7　AVS 帧内预测模式

亮度分量 8×8 块		色度分量 8×8 块	
预测模式	名称	预测模式	名称
0	垂直模式	0	垂直模式
1	水平模式	1	水平模式
2	DC 模式	2	DC 模式
3	Down-Left 模式	3	Planar 模式
4	Down-Right 模式	—	—

图 5-23 为 AVS 亮度分量 8×8 帧内预测块的预测方向和参考像素，图中预测方向标号与表 5-7 中对应，由于 DC 模式（模式 2）没有预测方向，所以图中仅有模式 0、1、3、4 的预测方向。亮度分量的 5 种预测模式分别如图 5-24～图 5-28 所示。

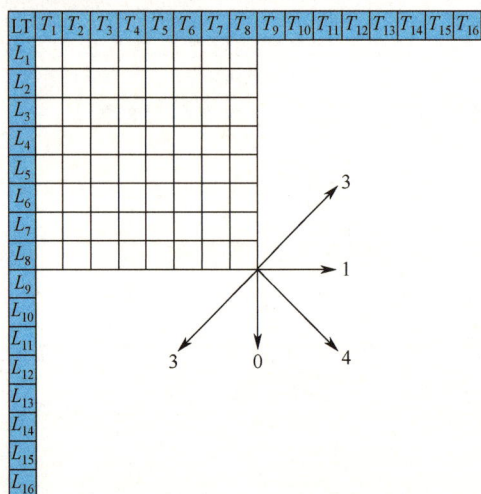

图 5-23　AVS 亮度分量 8×8 帧内预测块的预测方向和参考像素

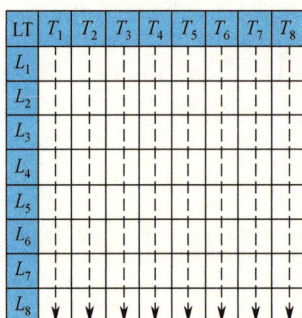

图 5-24　垂直模式

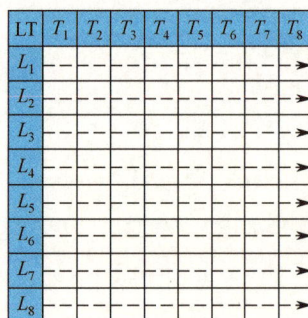

图 5-25　水平模式

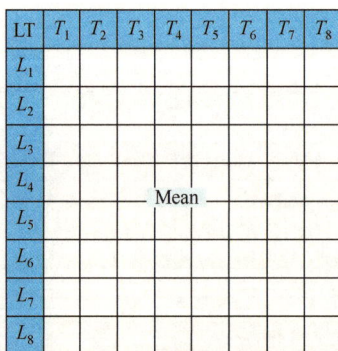

图 5-26　DC 模式

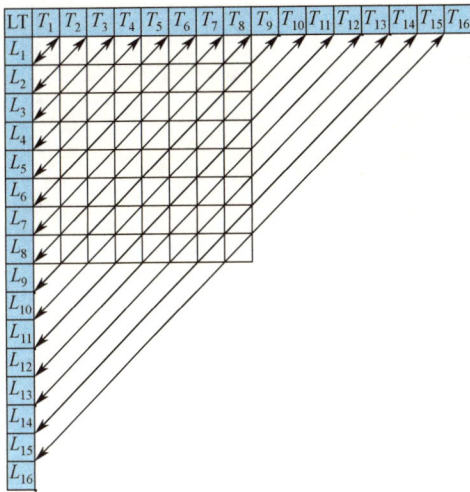

图 5-27　Down-Left 模式

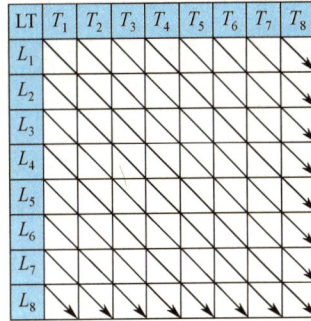

图 5-28　Down-Right 模式

　　在垂直模式中，当前待编码块的预测值由上侧相邻块的边界像素值垂直外插得到；在水平模式中，当前待编码块的预测值由左侧相邻块的边界像素值水平外插得到；在直流模式中，当前待编码块的预测值为对应的上边界像素值和左边界像素值的均值；在 Down-Left 模式中，当前待编码块的预测值由左下边界像素值和右上边界像素值沿 45° 方向外插得到；在 Down-Right 模式中，当前待编码块的预测值由左边界像素值和上边界像素值沿 135° 方向外插得到。色度分量的帧内预测模式与亮度分量的帧内预测模式类似，相同位置的两个色度块（U、V）采用相同的帧内预测模式。

　　相比于 H.264 所采用的 4×4 帧内预测块，AVS 采用了更大的 8×8 帧内预测块，导致参考像素与待预测像素之间的空域相关性降低，预测准确性下降。因此，在使用 DC 模式、Down-Left 模式、Down-Right 模式进行帧内预测之前，先需要使用系数为 [1, 2, 1] 的 3 抽头低通滤波器对参考像素进行滤波后，再用于预测。

2. 帧间预测

　　在 AVS 中，为了更好地利用时序相关性进行帧间预测，预测块大小不仅可以为 16×16，还可以进一步划分为 16×8、8×16、8×8 的小块，如图 5-29 所示。

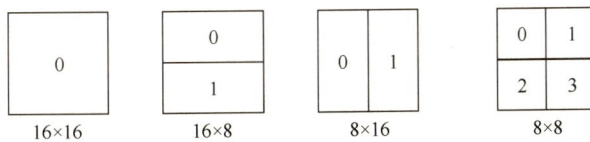

图 5-29　帧间预测块大小

　　由于物体运动的不规则性，因此使用运动估计得到的参考块可能处于非整像素位置，此时需要进行非整像素位置运动补偿。AVS 和 H.264 一样，亮度分量支持 1/4 像素精度的运动补偿，色度分量支持 1/8 像素精度的运动补偿。但 AVS 的亚像素插值过程与 H.264 的有很大不同。例如，对于如图 5-30 所示的亮度分量 1/4 像素精度插值，AVS 首先采用 4 抽头滤波器 [−1/8,5/8,5/8, −1/8]，利用整数像素位置 A、B、C、D 的像素对 1/2 像素位置 a、b、c、d、e 进行插值，再采用 4 抽头滤波器 [1/16,7/16,7/16,1/16] 对一维 1/4 像素位置 d_1、d_2、d_3、d_5、d_7、d_8、d_9、d_{11} 进行插值，然后采用双线性滤波器 [1/2,1/2] 对二维 1/4 像素位置 d_4、d_6、d_{10}、d_{12} 进行插值。

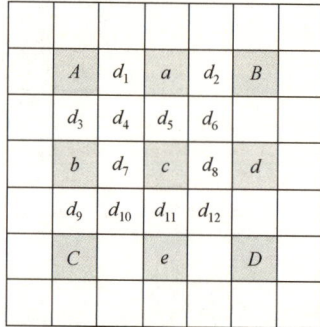

	A	d_1	a	d_2	B	
	d_3	d_4	d_5	d_6		
	b	d_7	c	d_8	d	
	d_9	d_{10}	d_{11}	d_{12}		
	C		e		D	

图 5-30 AVS 的 1/4 像素精度插值位置

3. 整数变换

AVS 仍采用整数离散余弦变换，但仅采用了 8×8 整数变换，这是因为 AVS 中预测块的最小尺寸为 8×8，并且采用 8×8 整数变换的性能接近于浮点型离散余弦变换的性能。AVS 中 8×8 整数离散余弦变换矩阵为

$$T = \begin{bmatrix} 8 & 10 & 10 & 9 & 8 & 6 & 4 & 2 \\ 8 & 9 & 4 & -2 & -8 & -10 & -10 & -6 \\ 8 & 6 & -4 & -10 & -8 & 2 & 10 & 9 \\ 8 & 2 & -10 & -6 & 8 & 9 & -4 & -10 \\ 8 & -2 & -10 & 6 & 8 & -9 & -4 & 10 \\ 8 & -6 & -4 & 10 & -8 & -2 & 10 & -9 \\ 8 & -9 & 4 & 2 & -8 & 10 & -10 & 6 \\ 8 & -10 & 10 & -9 & 8 & -6 & 4 & -2 \end{bmatrix}$$

4. 量化与扫描

AVS 采用自适应均匀量化对变换系数进行量化。在量化级数的控制上，将 H.264 中使用的 52 个量化级数扩展到 64 个量化级数，采用量化参数 QP 进行索引。QP 每增加 8，量化步长增加一倍。AVS 在提供了更精细的量化级数之后，移除了给定比特率的压缩方式。

在 AVS 中，逐行编码按如图 5-31 所示的 Zig-Zag 扫描顺序进行扫描，隔行编码按交替扫描顺序进行扫描，通过扫描将二维系数矩阵转变为一维序列进行量化和编码。

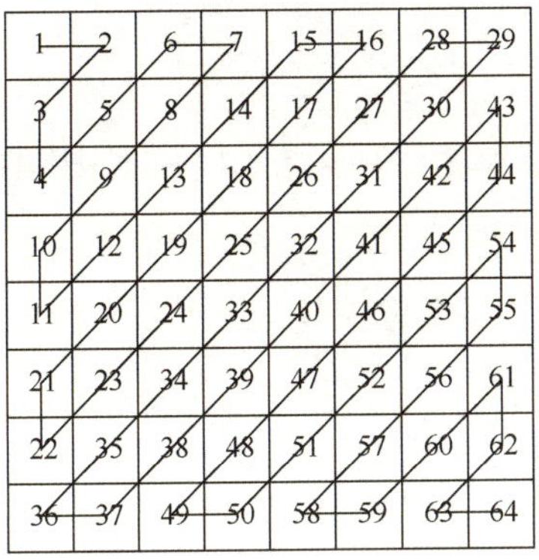

图 5-31　Zig-Zag 扫描

5. 熵编码

AVS 中的熵编码技术主要有 3 类，包括定长编码、零阶指数哥伦布编码及基于上下文的二维变长编码。定长编码适用于具有均匀分布的语法元素，零阶指数哥伦布编码适用于可变概率分布的语法元素，基于上下文的二维变长编码则适用于量化后的残差系数。与以往标准中不同的变换块采用不同的码表相比，AVS 只用到了 19 张不同的码表，减少了码表的存储和内存访问开销。

6. 环路滤波

AVS 采用自适应环路滤波，根据不同的边界强度值对块边界进行不同强度的滤波。边界强度由边界两侧的预测块类型决定，共有 3 种取值：2、1 和 0。各个边界强度值的情况如下。

（1）边界强度值为 2：边界两侧的块中任意一个使用帧内预测编码。

（2）边界强度值为 0：边界两侧的块选中了相同的参考帧，并且两个预测块的运动矢量的任一分量的差值都小于一个像素。

（3）边界强度值为 1：其他情况。

当边界强度值为 2 或 1 时，分别采用不同的滤波方式；当边界强度值为 0 时，当前边界不进行滤波。在滤波过程中，使用边界两侧的三个相邻像素来调整边界像素。如图 5-32 所示，滤波过程涉及 p_2、p_1、p_0、q_0、q_1、q_2 共 6 个像素，其中因滤波而被修改的像素为 p_1、p_0、q_0、q_1 共 4 个像素。环路滤波过程涉及的边界包括宏块内部的各个 8×8 块的边界及当前宏块与相邻宏块的左边界和上边界。滤波顺序为：首先按照从左到右的顺序对所有垂直边界进行环路滤波；然后按照从上到下的顺序对所有水平边界进行环路滤波。需要注意的是，垂直滤波过程中修改的像素值可能在水平滤波时被再次修改。

| p_2 | p_1 | p_0 | q_0 | q_1 | q_2 |

图 5-32　滤波过程使用的像素

【习题 5】

1. 简答题：简述 H.265、H.264 和 AVS 三种视频编码标准采用的主要技术，并比较它们之间的相同点和不同点。

2. 计算题：给定如下图所示的 4 × 4 图像块及其周围已重建的像素，分别用 H.264 中的垂直模式、水平模式和直流模式进行帧内预测，并计算预测残差。

65	52	51	48	47
110	49	50	52	45
113	61	52	65	50
115	80	65	76	49
112	82	78	90	87

□ 已重建像素   □ 待预测像素

习题图 5-1   4 × 4 图像块像素

3. 计算题：分别用 H.264 和 H.265 中的整数离散余弦变换对以下信号进行二维变换。

$$X = \begin{bmatrix} 122 & 125 & 136 & 135 \\ 119 & 115 & 90 & 70 \\ 80 & 35 & 60 & 50 \\ 90 & 100 & 150 & 152 \end{bmatrix}$$

第6章　FFmpeg 简介与应用

知识点：

◇ FFmpeg 的基本组成

◇ FFmpeg 应用程序的安装

◇ FFmpeg 的常用工具

◇ FFmpeg SDK 的使用

6.1　FFmpeg 简介

6.1.1　什么是 FFmpeg

FFmpeg（Fast Forward moving picture experts group）是一个流行的音视频编解码开源工具。其不仅包含了一套二进制程序，还为开发者提供了一套完整接口用于音视频开发，可以完成视频采集及音视频的编码、解码、转码、后处理（抓图、水印、封装/解封装、格式转换等），此外还具有流媒体服务等功能。

6.1.2　FFmpeg 基本组成

FFmpeg 主要由三部分构成。

第一部分是三个具有不同作用的应用程序，具体内容如下。

● ffmpeg：音视频转码器。

● ffplay：简单的音视频播放器。

● ffprobe：简单的多媒体码流分析器。

第二部分是为各个不同平台编译完成的库，开发者可以根据自己的需求使用这些库开发自己的应用程序，这些库包括以下 7 种。

● libavcodec：包含音视频编码器和解码器。

● libavutil：包含多媒体应用常用的简化编程的工具，如随机数生成器、数据结构、数学函数等。

- libavformat：包含多种多媒体容器格式的封装、解封装工具。
- libavfilter：包含多媒体处理常用的滤镜功能。
- libavdevice：用于音视频数据采集和渲染等。
- libswscale：用于图像缩放、色彩空间、像素格式转换等。
- libswresample：用于音频重采样和格式转换等。

第三部分是整个工程的源代码，无论是编译好的可执行程序还是 SDK（Software Development Kit，软件开发工具包），都使用这些源代码进行编译。FFmpeg 的源代码由 C 语言实现，主要在 Linux 平台上进行开发。

6.2 FFmpeg 命令行应用程序的安装

FFmpeg 命令行程序安装简单，可以使用官网编译好的应用程序，也可以根据用户的需求下载源代码进行编译。本章以 Windows 平台为例，介绍如何配置和使用 FFmpeg 命令行程序。

用户首先访问 FFmpeg 官网下载主页，根据所使用的操作系统选择对应的 FFmpeg 下载。本书首先选择 Windows 平台，然后单击"Windows builds from gyan.dev"按钮进入下载页面，选择"ffmpeg-git-full.7z"选项进行下载，如图 6-1 所示。

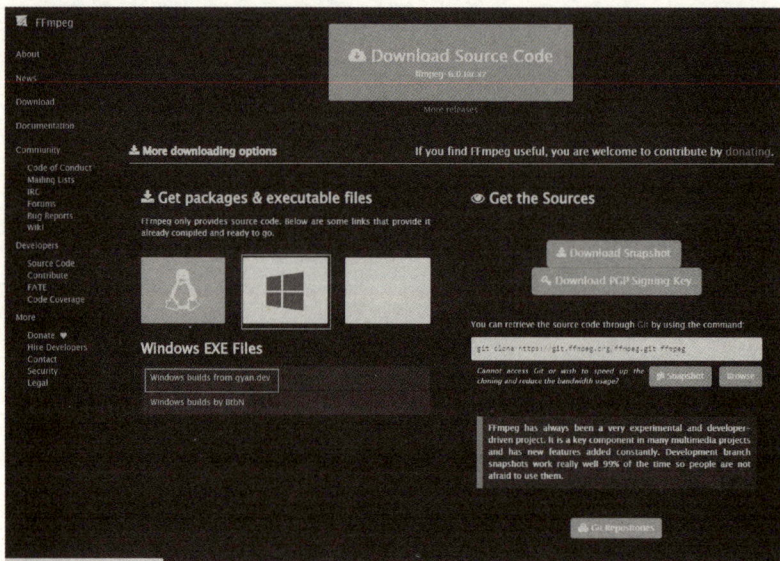

图 6-1　FFmpeg 下载界面

先解压下载的"ffmpeg-master-latest-win64-gpl.zip"文件，然后把它放入一个合适的文件夹中，如 C:\Program Files。之后把解压后的文件夹中的 bin 目录加入环境变量。配置完成后，打开计算机命令行 cmd 或 powershell，输入 FFmpeg 命令后出现 FFmpeg 的版本信息、编译工具和配置信息等，表明 FFmpeg 安装成功，如图 6-2 所示。

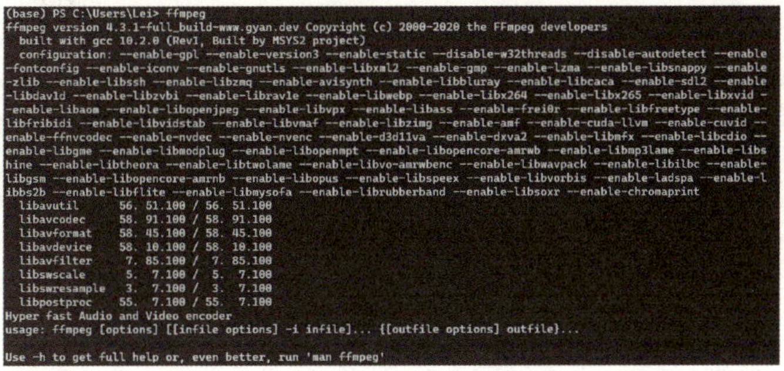

图 6-2　FFmpeg 安装成功界面

6.3　FFmpeg 工具使用基础

FFmpeg 中常用的工具主要有 ffmpeg、ffprobe 和 ffplay，分别为多媒体编解码工具、码流内容分析工具和基于 SDL(Simple Directmedia Layer)[①] 的命令行播放工具。本节将逐一介绍这 3 个工具的常用命令。

6.3.1　FFmpeg 命令格式

在介绍常用命令前，先了解 FFmpeg 命令的组成。通用的 FFmpeg 命令输入格式如下：

```
ffmpeg {1} {2} -i {3} {4} {5}
```

上面命令中，5 个部分的参数依次如下。

（1）全局参数。

（2）输入文件参数。

（3）输入文件。

（4）输出文件参数。

（5）输出文件。

用户根据自身需求，输入不同的参数就能完成复杂的任务。有时当命令参数太长时，可以把命令分成多行：

```
ffmpeg `
[ 全局参数 ] `
[ 输入文件参数 ] `
-i [ 输入文件 ] `
[ 输出文件参数 ] `
[ 输出文件 ]
```

---

① SDL 是一个跨平台的多媒体库，提供了针对音频、视频、键盘、鼠标、控制杆及 3D 硬件的低级别的访问接口。

其中，""'""表示 powershell 的换行符，在 bash 脚本中换行符为"\"，在 bat 文件中，换行符为"^"。这里以 Windows 平台的 powershell 为例。

```
ffmpeg `
-y ` # 全局参数，表示输出若有同名文件，则直接覆盖
-c:a libfdk_aac ` # 输入文件参数
-i bunny_1080p_60fps.mp4 ` # 输入文件
-c:v libvpx-vp9 -c:a libvorbis ` # 输出文件参数
bunny_1080p_60fps_vp9.webm # 输出文件
```

其中，"#"表示注释。这个命令行是将 mp4 文件（包含了 aac 格式的音频流、H.264 编码格式的视频流）转换为 webm 文件，同时改变了音视频的编码格式，等价于下面的命令：

```
ffmpeg -y -c:a libfdk_aac -i bunny_1080p_60fps.mp4 -c:v libvpx-vp9 -c:a libvorbis bunny_1080p_60fps_vp9.webm
```

6.3.2　FFmpeg 常用命令

FFmpeg 常用的命令行参数如下。

- -c copy：直接复制，不经过重新编码（节省编码时间）。
- -c:v：指定视频编码器。
- -c:a：指定音频编码器。
- -i：指定输入文件。
- -an：去除音频流。
- -vn：去除视频流。
- -preset：指定输出的视频质量，其值有 ultrafast、superfast、veryfast、faster、fast、medium、slow、slower、veryslow。
- -y：不经过确认，输出时直接覆盖同名文件。

更多 FFmpeg 命令可以参考 FFmpeg 官网介绍，也可以直接在命令行中输入"ffmpeg -help full"命令获取帮助。

以上介绍了 FFmpeg 常用命令，下面以转换容器格式、转码、转码率、滤镜为例，介绍常用命令的使用方式。

1. 转换容器格式

在音视频处理领域首先要区分容器和编码格式。容器又称封装格式，描述了不同数据元素和元数据如何在计算机文件夹中共存。简单来说，容器包含视频和音频，也可能包含有字幕等其他内容的文件，如图 6-3 所示。

图 6-3 展示了容器与音视频编码格式之间的关系。容器中包含了视频流，该视频流是由

H.264 编码生成的。除此之外，容器中还有使用 AAC 编码的音频流。常见的容器格式有以下 4 种。

- MP4。
- MKV。
- WebM。
- AVI。

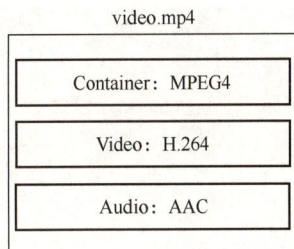

图 6-3　容器格式

用户经常需要把一个视频文件从一种容器格式转换为另一种容器格式，如图 6-4 所示。用户如果想把一个名为 video.avi 的视频文件转换为 video.mp4，而不改变其他内容，如视频的编码格式或音频的编码格式，则此时只需要输入以下命令即可。

```
ffmpeg -i video.avi -c copy video.mp4
```

在该命令中，-c 表示直接复制视频流和音频流，而不改变其编码格式。FFmpeg 处理的详细流程如图 6-5 所示。

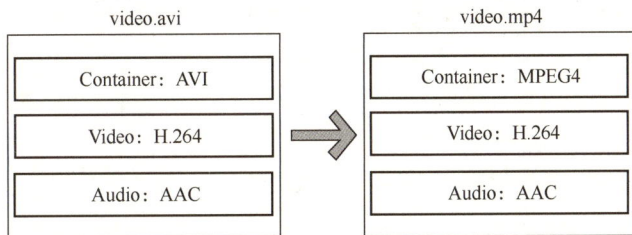

图 6-4　容器格式转换

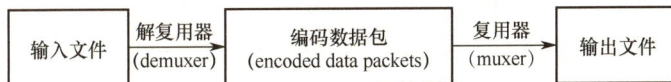

图 6-5　FFmpeg 处理的详细流程

FFmpeg 调用 libavformat 库（包含解复用器 demuxer），从输入文件中读取包含编码数据的包（packet），直接使用复用器（muxer）对编码数据包写入特定封装格式的输出文件，中间不涉及视频流或音频流的编解码过程。执行完命令的显示信息如图 6-6 所示。

在输出的内容 Stream mapping 中，Stream# 0：0 ->＃ 0：0(copy) 表示把 Input #0（也就是 avi 的视频流，其中没有音频流）直接复制（copy）到 mp4 中的 Output #0 视频流中，不存在先解码再编码的过程，因此执行速度非常快。

2. 转码

在音视频领域经常会遇到转码场景。例如，某些硬件设备不支持 H.265 编码，而原始视频是由 H.265 编码的，就需要把视频转码到该设备支持的编码格式。音视频转码流程如图 6-7 所示。

```
Input #0, avi, from 'video.avi':
  Metadata:
    artist          : Blender Foundation 2008, Janus Bager Kristensen 2013
    comment         : Creative Commons Attribution 3.0 - http://bbb3d.renderfarming.net
    genre           : Animation
    title           : Big Buck Bunny, Sunflower version
    encoder         : Lavf58.45.100
  Duration: 00:00:10.00, start: 0.000000, bitrate: 25669 kb/s
    Stream #0:0: Video: h264 (High) (avc1 / 0x31637661), yuv420p(progressive), 1280x720 [SAR 1:1 DAR 16:9], 25739 kb/s, 60 fps,
    30 tbr, 60 tbn, 60 tbc
Output #0, mp4, to 'video.mp4':
  Metadata:
    artist          : Blender Foundation 2008, Janus Bager Kristensen 2013
    comment         : Creative Commons Attribution 3.0 - http://bbb3d.renderfarming.net
    genre           : Animation
    title           : Big Buck Bunny, Sunflower version
    encoder         : Lavf58.45.100
    Stream #0:0: Video: h264 (High) (avc1 / 0x31637661), yuv420p(progressive), 1280x720 [SAR 1:1 DAR 16:9], q=2-31, 25739 kb/s,
    60 fps, 30 tbr, 15360 tbn, 60 tbc
Stream mapping:
  Stream #0:0 -> #0:0 (copy)
Press [q] to stop, [?] for help
[mp4 @ 000001cd67855480] Timestamps are unset in a packet for stream 0. This is deprecated and will stop working in the future.
 Fix your code to set the timestamps properly
[mp4 @ 000001cd67855480] pts has no value
    Last message repeated 299 times
frame=  300 fps=0.0 q=-1.0 Lsize=   31318kB time=00:00:09.96 bitrate=25741.4kbits/s speed=24.6x
video:31315kB audio:0kB subtitle:0kB other streams:0kB global headers:0kB muxing overhead: 0.008747%
```

图 6-6　执行完命令的显示信息

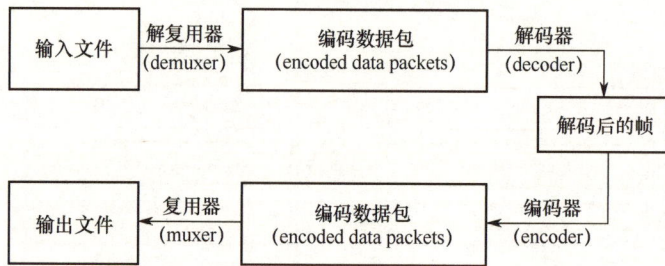

图 6-7　音视频转码流程

　　首先，调用 libavformat 库（包含解复用器 demuxer），从输入文件中读取包含编码数据的包（packet）。如果有多个输入文件，则尝试追踪多个有效输入流的最小时间戳（timestamp），用这种方式实现多个输入文件同步；其次，编码数据包被传递到解码器（decoder），解码器解码后得到 YUV 或 PCM 的原始帧信息，解码器通过 libavcodec 中的接口实现；然后，把原始帧送入编码器（encoder）进行编码得到编码数据包（encoded data packets），encoder 通过 libavcodec 中的接口实现；最后，由复用器（muxer）将编码数据包写入特定封装格式的输出文件。

　　接下来，对 video.mp4 进行转码，如图 6-8 所示。video.mp4 中的视频数据由 H.264 编码产生，此处尝试用 H.265 来编码，而其余数据不变（既不改变容器，也不改变音频的编码格式）。对应的 FFmpeg 命令如下：

```
ffmpeg -i video.mp4 -c:v libx265 video_h265.mp4
```

　　在执行命令前，先试用 MediaInfo[①] 软件查看 video.mp4 的编码信息，如图 6-9 所示。

_____

① MediaInfo 是一个免费的跨平台开源程序，它可以显示视频和音频文件的技术信息和标签信息。它以一种方便统一的方式显示这些信息。

video.mp4　　　　　　　　　　video.mp4

| Container：AVI |
| Video：H.264 |
| Audio：AAC |

→

| Container：MPEG4 |
| Video：H.265 |
| Audio：AAC |

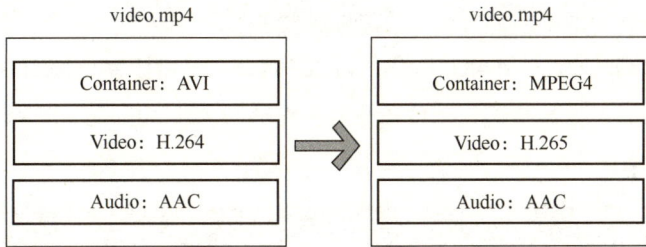

图 6-8　文件转码

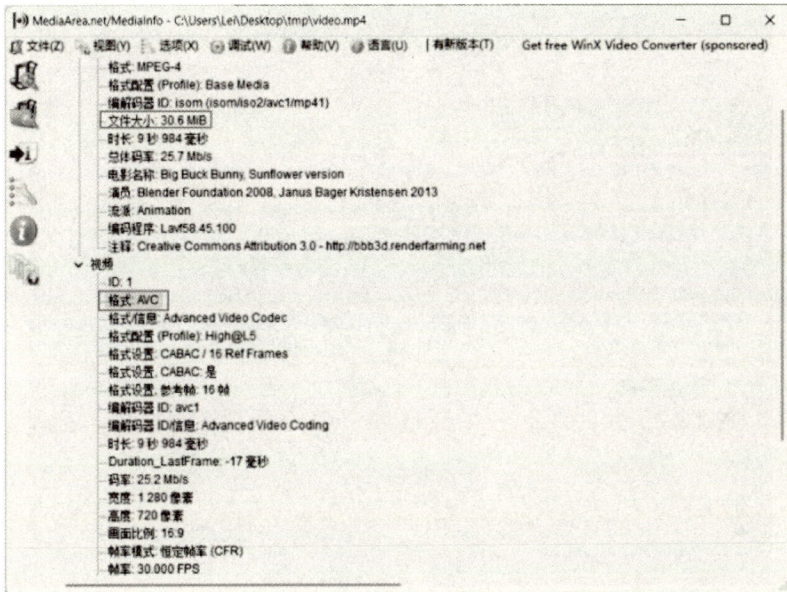

图 6-9　video.mp4 的编码信息

从图 6-9 中可以发现，容器中的视频流的编码格式为 AVC（H.264），原始文件大小为 30.6MB。接下来执行上述 FFmpeg 命令，执行完的结果信息如图 6-10 所示。

在输出的信息中，Stream #0：0 -> #0：0（h264（native）-> hevc（libx265））表示输入的视频流 #0 到输出的视频流 #0 中，编码格式由 H.264 变成了 HEVC（H.265）。为验证输出，使用 MediaInfo 查看转码后的 video_h265.mp4 文件，如图 6-11 所示。

从图 6-11 中可以发现，转码后的视频编码方式变成了 HEVC，同时文件编码后的大小变成了 1.64MB。

3. 转码率

视频文件大小主要由视频编码方式、分辨率和码率三个因素决定。在不改变视频编码方式和分辨率的情况下，可以通过降低视频码率来有效减小视频文件的大小。以下展示如何使用 FFmpeg 命令降低视频码率。

```
ffmpeg -i video.mp4 -minrate 964K -maxrate 3856K -bufsize 2000K video_transrating.mp4
```

上述命令指定码率最小为 964KB，最大为 3856KB，缓冲区大小为 2000KB。图 6-12 为转码后的文件编码信息。可以观察到，总体码率接近缓冲区大小（bufsize），文件大小也由原来的30.6MB 缩减至 2.98MB。

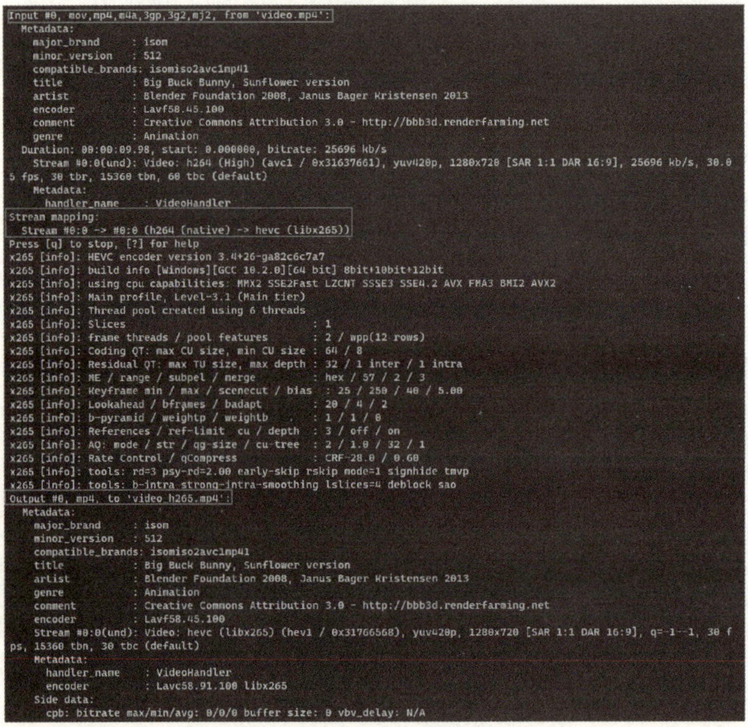

图 6-10　执行完的结果信息

图 6-11　转码后文件编码信息

图 6-12　转码后的文件编码信息

4. 滤镜

在多媒体技术中，滤镜（filter）是指用于修改音视频数据帧的一种软件工具。滤镜分为音频滤镜和视频滤镜。FFmpeg 提供了很多内置滤镜，并且能够用很多方式将这些滤镜进行组合使用。通过一些指令，能够将解码后的帧从一个滤镜转向另一个滤镜。

滤镜分为简单滤镜（simple filter）和复杂滤镜（complex filter）。简单滤镜只有一个输入和一个输出，如视频的 scale 滤镜。简单滤镜实现结构如图 6-13 所示。

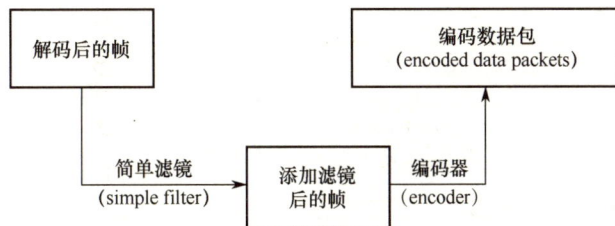

图 6-13　简单滤镜实现结构

复杂滤镜与简单滤镜不同，它有多个输入和输出。复杂滤镜实现结构如图 6-14 所示。

本书通过应用复杂滤镜中的 overlay 滤镜给视频添加 logo，进而展开对滤镜使用流程的介绍。overlay 滤镜使用非常广泛，如在视频中显示电视台台标，以及画中画功能。overlay 滤镜的基本语法如下。

```
overlay[=x: y]
```

其中，x 表示水平坐标（以左上角为原点），默认值为 0；y 表示垂直坐标（以左上角为原点），默认值为 0。除了这两个参数，overlay 滤镜中还有 4 个变量用于描述 logo 的位置。

- main_w 或 W：主输入（背景水印窗口）宽度。
- main_h 或 H：主输入（背景水印窗口）高度。
- overlay_w 或 w：overlay 输入（前景窗口）宽度。
- overlay_h 或 h：overlay 输入（前景窗口）高度。

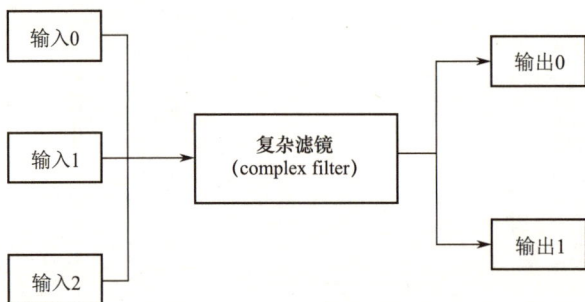

图 6-14　复杂滤镜实现结构

overlay 滤镜参数展示如图 6-15 所示。

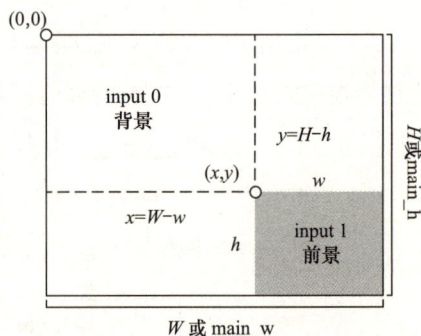

图 6-15　overlay 滤镜参数展示

下面通过命令行给视频右下角添加图片 logo。输入两个文件，分别是一个视频 video.mp4，一张图片 logo.png（FFmpeg 的标识），先将 logo 进行缩放，然后放在视频右下角。

```
ffmpeg -i video.mp4 -i logo.png -filter_complex "[1:v] scale=200:200[logo];[0:v][logo]
overlay=x=W-200:y=H-200" video_logo.mp4
```

从上述命令中可以看出，首先将 logo.png 缩放为 200×200，然后将其定义为一个临时标记名 logo（用 [logo] 表示 logo.png），最后将缩放后端图像 [logo] 叠加在 video.mp4 的视频 [0：v] 的右下角。值得注意的是，overlay 前面的两个参数是有先后顺序的，[0：v][logo] 表示把 logo 叠加在视频 [0：v] 上，反之，[logo][0：v] 表示将视频 [0：v] 叠加在 [logo] 上。使用 overlay 滤镜添加 logo 的最终效果如图 6-16 所示。

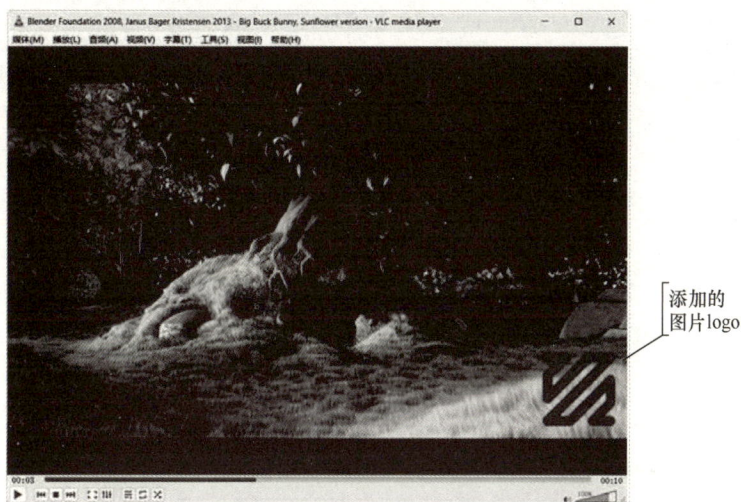

图 6-16　使用 overlay 滤镜添加 logo 的最终效果

视频画中画功能的实现与给视频添加 logo 类似，只需要把输入的 logo.png 替换成视频即可，如图 6-17 所示。

```
ffmpeg -i video.mp4 -i video.mp4 -filter_complex "[1:v] scale=192:168[logo];[0:v][logo]
overlay=x=W-192:y=H-168" video_video.mp4
```

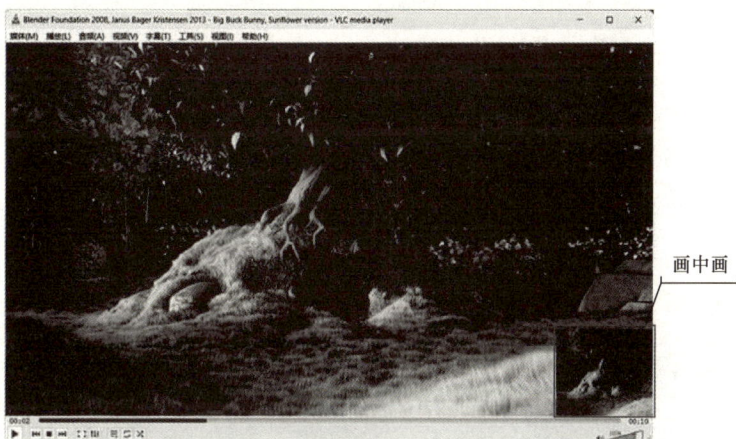

图 6-17　使用 overlay 滤镜添加画中画的最终效果

6.3.3　ffplay 的基本用法

ffplay 是基于 SDL 和 FFmpeg 的 avformat 与 avcodec 开发的播放器，可以播放各种媒体文件，其主要用作各种 FFmpeg API 的测试平台，也能当作一个简易的命令行播放器使用。ffplay 有以下基本控制方式，如表 6-1 所示。

表 6-1　ffplay 的基本控制方式

选项	说明	选项	说明
q/ESC	退出播放	t	循环切换字幕流
f	全屏切换	C	循环切换节目
P、空格	暂停	W	循环切换过滤器或显示模式
m	静音切换	S	逐帧播放
9、0	9 为减小音量，0 为增大音量	left/right	向左 / 向右拖动 10s
/、*	/ 为减小音量，* 为增大音量	down/up	向上 / 向下拖动 1min
a	循环切换音频流	单击鼠标右键	拖动与显示宽度相对应百分比的文件进行播放
V	循环切换视频流	双击鼠标左键	全屏切换

以下介绍 ffplay 用法。ffplay 可以播放多种格式的媒体文件，如 mp4、avi、m4v、mkv 等；还支持播放原始的码流文件，如 H.264、H.265 的码流；也可以播放 YUV 文件。除了可以播放视频，还可以使用 ffplay 查看各种格式的图片。ffpaly 的基本命令如下。

```
ffplay [options] [input_file]
```

options 表示相关参数，input_file 表示媒体文件，如 input.mp4、input.png 等。

1. 播放 YUV 文件

ffplay 可以播放 YUV 文件。例如，播放名为 RaceHorses_832×480_30Hz_8bit_P420.yuv 的 YUV 文件，如图 6-18 所示。其分辨率为 832 像素 ×480 像素，颜色格式为 yuv420p，帧率为 30fps，使用 ffplay 播放 YUV 文件的命令如下。

```
ffplay -video_size 832x480 -pixel_format yuv420p -framerate 30 RaceHorses_832x480_30Hz_8bit_P420.yuv
```

图 6-18　播放 YUV 文件

2. 播放网络视频流

ffplay 还可以播放网络视频流，直接输入对应的 URL 即可。

```
ffplay URL
```

上述命令中，本书在 URL 处填入苹果公司在线视频链接，用于测试。ffplay 播放网络视频流结果如图 6-19 所示。

6.3.4　ffprobe 的基本用法

ffprobe 是多媒体信息查看工具，可以用来查看视频或其他媒体的具体信息。ffprobe 的参数较多，可以通过 ffprobeu-help 获取。本书介绍 ffprobe 的基础用法。ffprobe 的基本命令格式如下。

图 6-19　ffplay 播放网络视频流结果

```
ffprobe [options] [input_file]
```

如果想查看 video.mp4 的码率、分辨率及使用的编码器，则可以通过以下命令获取。

```
ffprobe video.mp4
```

命令执行后，获得如图 6-20 所示的 ffprobe 执行结果。图中的 -hide_banner 参数用于隐藏冗余的输出信息，便于展示重要内容。Stream #0 行详细说明了使用的视频是由 H.264 编码、颜色域为 yuv420p、分辨率大小为 1280 像素 ×720 像素、码率为 25696kbit/s，帧率为 30.05fps。

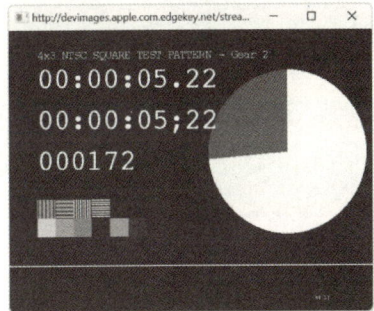

图 6-20　ffprobe 执行结果

6.4　FFmpeg SDK 的使用

FFmpeg 命令行提供了便捷的使用方式，通过不同命令行的组合，能满足大多数图像和视频处理的需求。除了命令行，FFmpeg 还提供了一套动态链接库，使用户能在自己的程序中集成 FFmpeg，更加高效、便捷地对图像和视频进行处理。下面先讲解如何在 Windows 系统上搭建 FFmpeg SDK 环境，接着通过几个实例介绍 FFmpeg SDK 的使用。

6.4.1　FFmpeg SDK 环境的搭建

本节基于 Visual Studio 2022 搭建 FFmpeg SDK 环境，Visual Studio 的安装此处不再赘述。在安装 Visual Studio 时，需要勾选 C++ 开发的相关配置，配置 FFmpeg SDK 环境的步骤如下。

（1）首先从 FFmpeg 官网下载 FFmpeg share 版本开发运行库，然后解压得到 bin、include 和 lib，如图 6-21 所示。

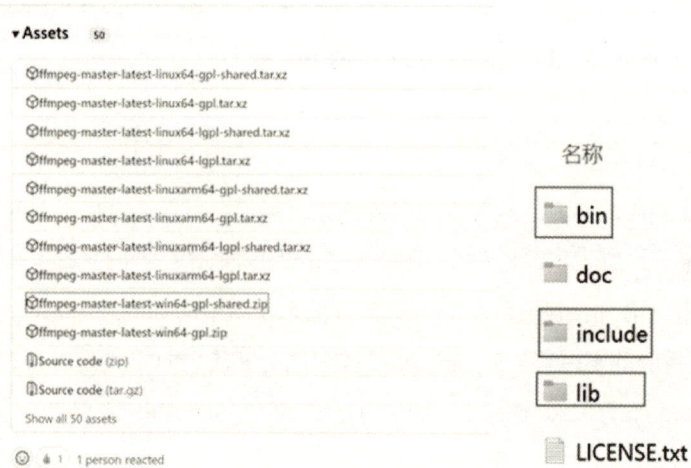

图 6-21　下载 FFmpeg share 版本开发运行库

（2）打开 Visual Studio，创建一个控制台应用，如图 6-22 所示。

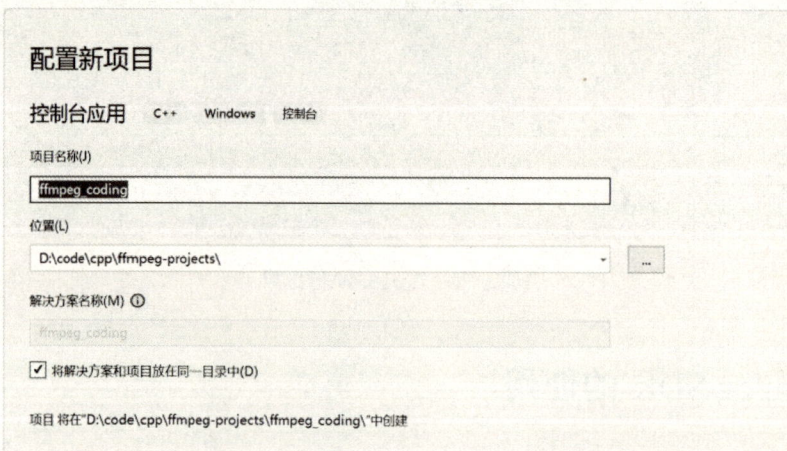

图 6-22　创建 Visual Studio 控制台应用

（3）将下载好、解压后的 bin 文件夹中的 dll 文件全部复制到第（1）步新建工程的文件夹中，本节将 dll 文件复制到 D:\code\cpp\ffmpeg-projects\ffmpeg_coding 中，如图 6-23 所示。

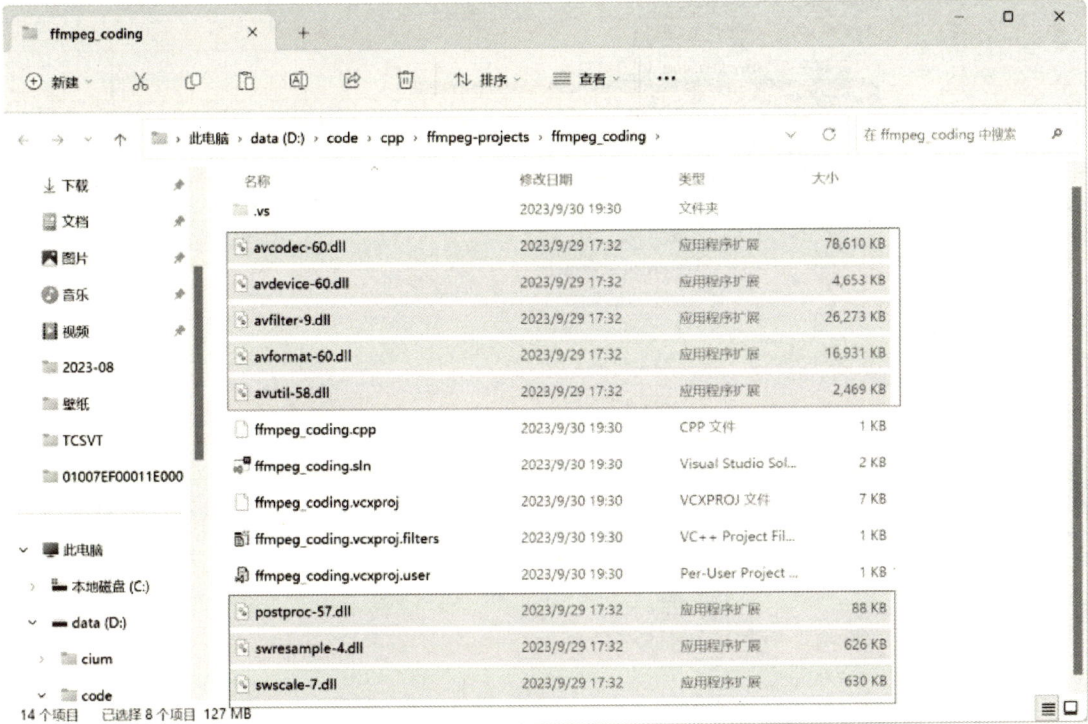

图 6-23　复制 dll 文件到新建工程的文件夹

（4）在项目文件夹中，新建一个名为 ffmpeg 的文件夹，并把解压后的 include 和 lib 文件夹复制到该文件夹中，如图 6-24 所示。

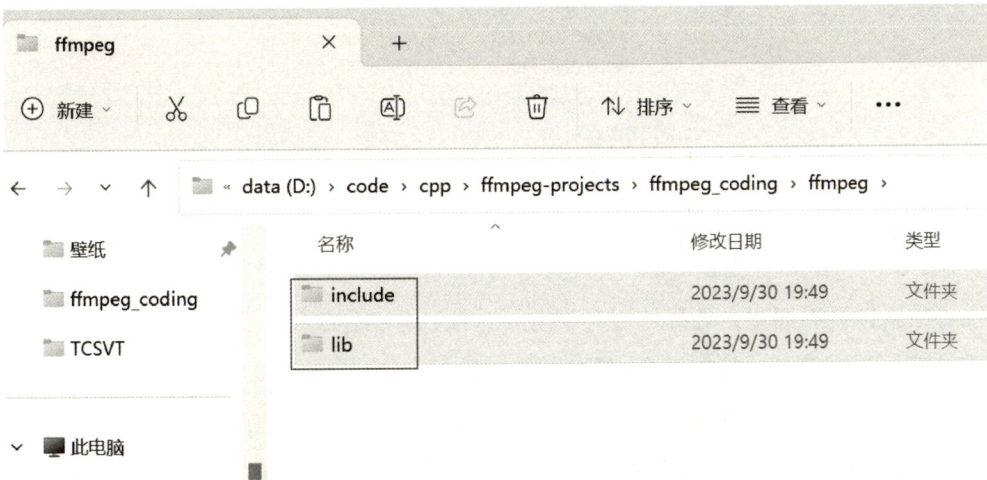

图 6-24　复制 include 和 lib 文件夹到 ffmpeg 文件夹中

（5）右击"ffmpeg_coding"文件夹，选择"属性"选项，如图6-25所示。

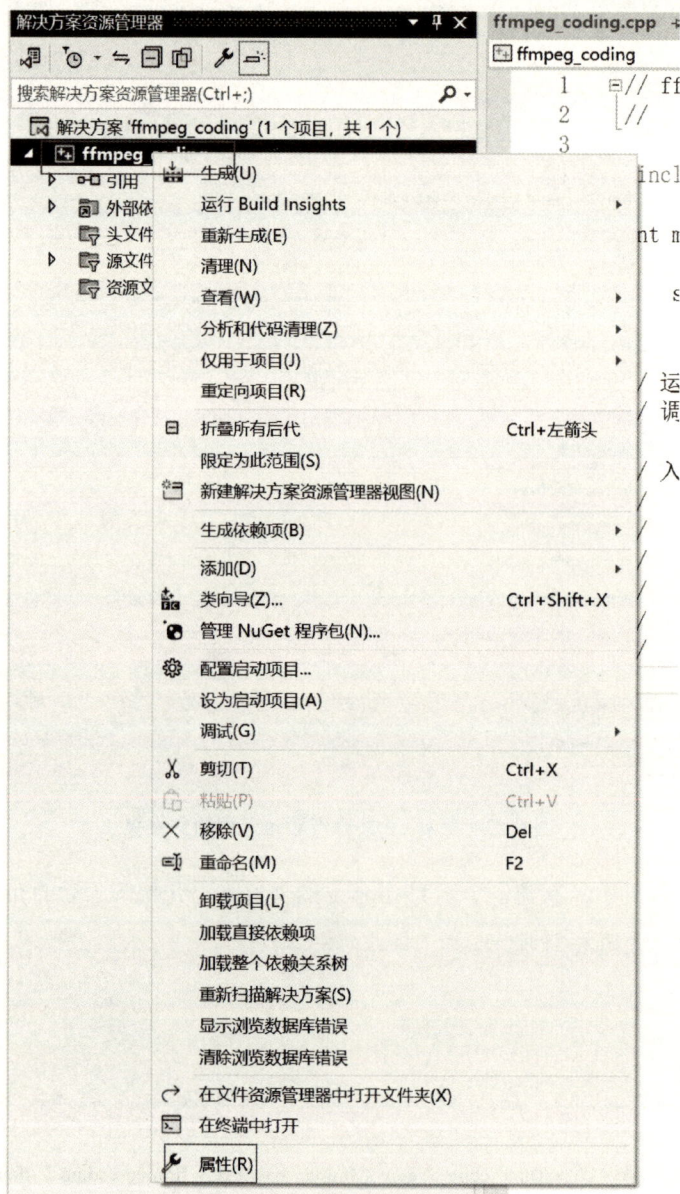

图6-25　选择文件夹属性

（6）在属性页界面中，选择"所有配置"选项，单击"C/C++"按钮，选择"常规"选项，在"附加包含目录"标签页选择刚刚新建的ffmpeg文件夹下的include。值得注意的是，图6-26中$(SolutionDir)ffmpeg\include表示路径D:\code\cpp\ffmpeg-projects\ffmpeg_coding\ffmpeg\include，在本节的项目配置中，使用Visual Studio提供的宏路径，从而避免使用绝对路径，有助于用户分享自己的项目给其他人使用。

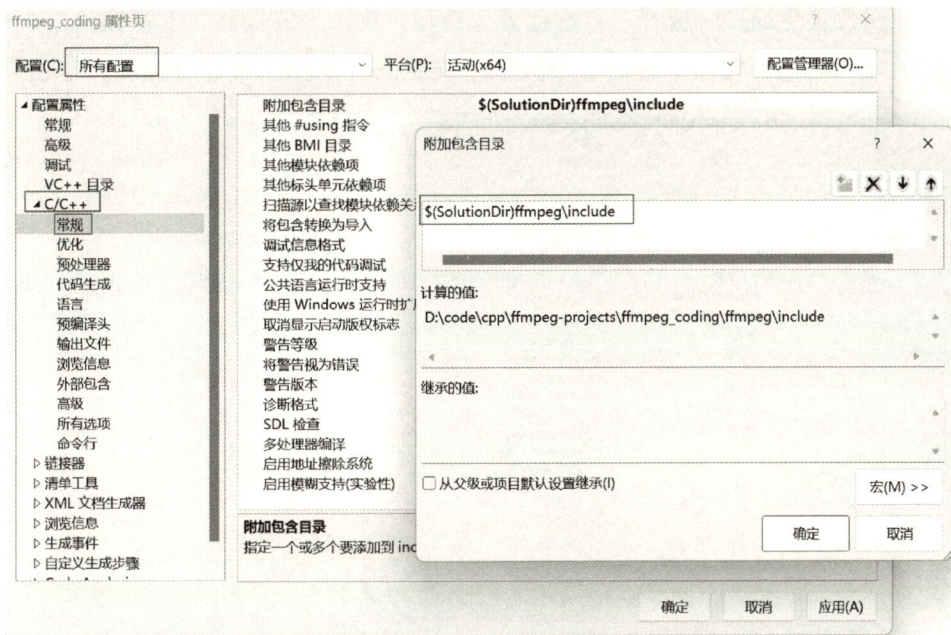

图 6-26　路径选择

（7）在属性页界面中，选择"所有配置"选项，单击"链接器"下拉按钮，选择"常规"选项，在"附加库目录"标签页，选择 ffmpeg 文件夹下的 lib，如图 6-27 所示。

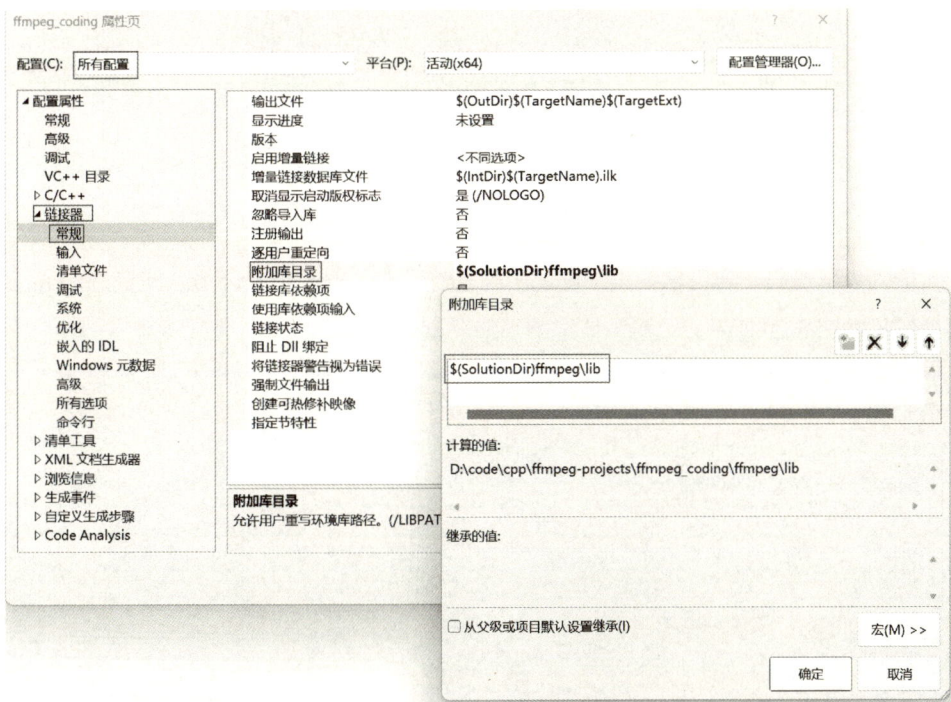

图 6-27　选择附加库目录

（8）在属性页界面中，选择"所有配置"选项，单击"链接器"下拉按钮，选择"输入"选项，在"附加依赖项"标签页填入"avcodec.lib、avformat.lib、avutil.lib、avdevice.lib、avfilter.lib、postproc.lib、swresample.lib、swscale.lib"，如图 6-28 所示。

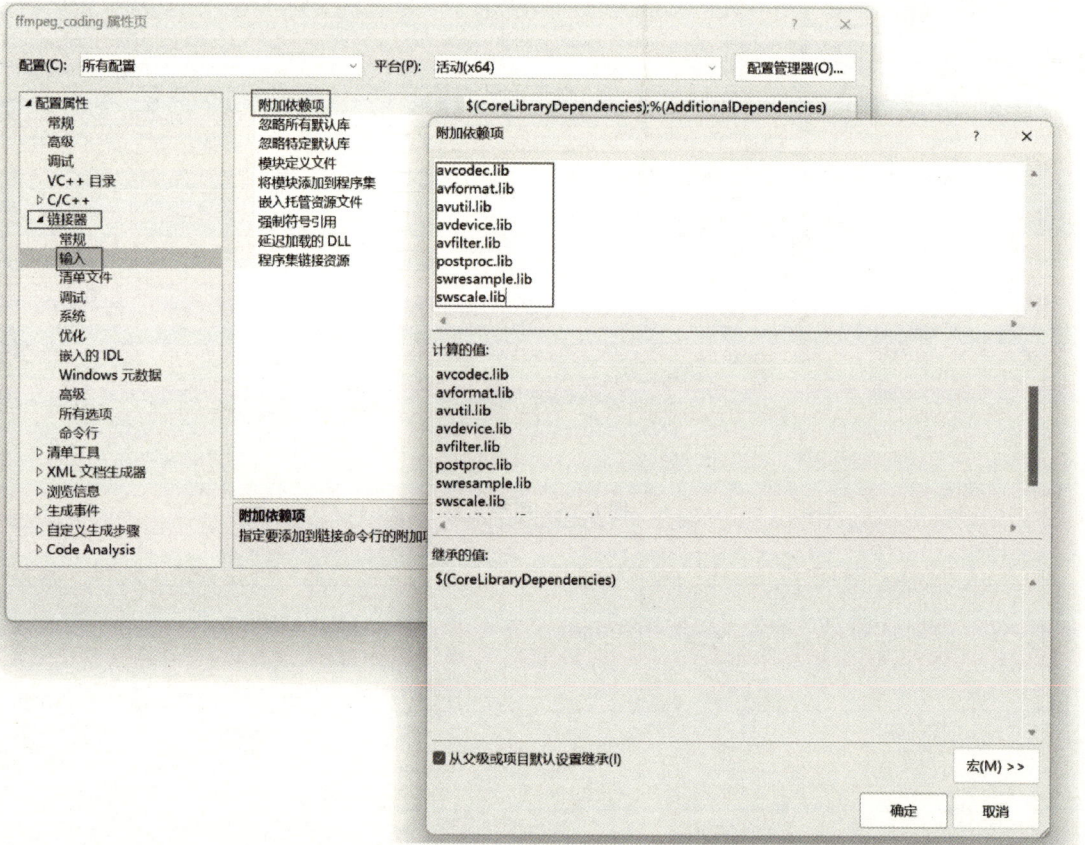

图 6-28　添加库文件

（9）输入以下代码，若正常输出，则说明配置好了 FFmpeg SDK 环境。配置好 FFmpeg SDK 环境后的结果如图 6-29 所示。

```cpp
#include <iostream>
extern "C"
{
#include "libavcodec/avcodec.h"
}
int main(int argc, char* argv[])
{
    std::cout << avcodec_configuration() << std::endl;
    system("pause");
    return 0;
}
```

```
D:\code\cpp\ffmpeg-projects    ×        +   ∨                                    —    □    ×

--prefix=/ffbuild/prefix --pkg-config-flags=--static --pkg-config=pkg-config --cross-prefix=x86_64-w64-mingw32- --arch=x
86_64 --target-os=mingw32 --enable-gpl --enable-version3 --disable-debug --enable-shared --disable-static --disable-w32t
hreads --enable-pthreads --enable-iconv --enable-libxml2 --enable-zlib --enable-libfreetype --enable-libfribidi --enable
-gmp --enable-lzma --enable-fontconfig --enable-libharfbuzz --enable-libvorbis --enable-opencl --disable-libpulse --enab
le-libvmaf --disable-libxcb --disable-xlib --enable-libaom --enable-libaribb24 --enable-avisynth --enable-c
hromaprint --enable-libdav1d --enable-libdavs2 --disable-libfdk-aac --enable-ffnvcodec --enable-cuda-llvm --enable-frei0
r --enable-libgme --enable-libkvazaar --enable-libass --enable-libbluray --enable-libjxl --enable-libmp3lame --enable-li
bopus --enable-librist --enable-libssh --enable-libtheora --enable-libvpx --enable-libwebp --enable-lv2 --enable-libvpl
--enable-openal --enable-libopencore-amrnb --enable-libopencore-amrwb --enable-libopenh264 --enable-libopenjpeg --enable
-libopenmpt --enable-librav1e --enable-librubberband --enable-schannel --enable-sdl2 --enable-libsoxr --enable-libsrt --
enable-libsvtav1 --enable-libtwolame --enable-libuavs3d --enable-libdrm --enable-vaapi --enable-libvidstab --enable-vul
kan --enable-libshaderc --enable-libplacebo --enable-libx264 --enable-libx265 --enable-libxavs2 --enable-libxvid --enabl
e-libzimg --enable-libzvbi --extra-cflags=-DLIBTWOLAME_STATIC --extra-cxxflags= --extra-ldflags=-pthread --extra-ldexefl
ags= --extra-libs=-lgomp --extra-version=20230929
请按任意键继续. . .|
```

图 6-29　配置好 FFmpeg SDK 环境后的结果

6.4.2　FFmpeg SDK 视频解码

FFmpeg 官方示例代码 decode_video.c 中展示了如何使用 FFmpeg SDK 进行视频解码。本节以此为基础，构建一个基于 FFmpeg libavcodec 的视频解码器，把输入的视频解码成 YUV 文件并保存。

FFmpeg SDK 解码流程图如图 6-30 所示，具体解码流程如下。

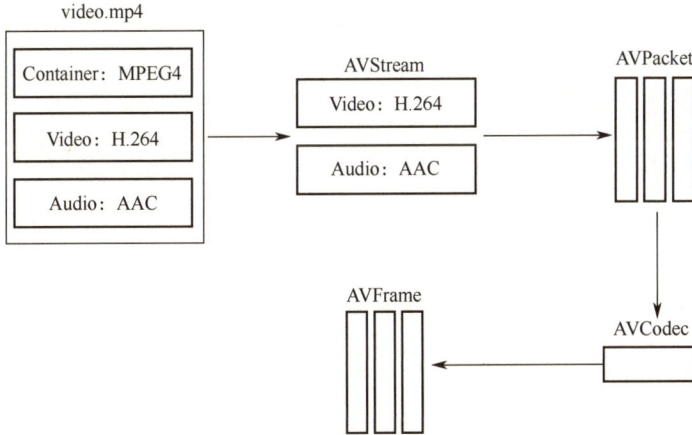

图 6-30　FFmpeg SDK 解码流程图

（1）输入的 video.mp4 文件中容器格式为 MPEG4，利用 avformat_open_input 函数把与容器相关的信息存储到 AVFormatContext 结构体中。

（2）利用 avformat_find_stream_info 函数获取流相关的信息。

（3）通过循环遍历 AVFormatContext 结构体获取所有音频流和视频流，并通过 avcodec_find_decoder 找到对应流的解码器。

（4）使用 av_read_frame 函数从 AVFormatContext 结构体的流中读取一帧视频对应的 AVPacket

（未解码的数据）及若干帧音频对应的 AVPacket（未解码的数据）。

（5）使用 avcodec_send_packet 函数把获取的 AVPacket 送入 AVCodecContext 结构体中（包含 AVCodec）。

（6）使用 avcodec_receive_frame 函数从 AVCodecContext 结构体中获取解码后的 YUV 数据（存储在 AVFrame 中）。

（7）最后使用 fwrite 函数把 YUV 文件存储到本地，并释放所有申请的内存。

```cpp
extern "C"{
#include <stdio.h>
#include <stdlib.h>
#include <libavcodec/avcodec.h>
#include <libavformat/avformat.h>
}

int decode_packet（AVPacket* pPacket, AVCodecContext* pCodecContext, AVFrame* pFrame, const char* output_file_name）;
void save_yuv_frame（AVFrame* pFrame, FILE* output_fp）;
int main（int argc, char* argv[]）{
    if（argc < 3）{
        av_log（NULL, AV_LOG_ERROR, "Usage: %s <input file> <output file>", argv[0]）;
        return -1;
    }
    const char* decode_file_name = argv[2];
    AVFormatContext* pFormatContext = avformat_alloc_context（）;
    if（!pFormatContext）{
        printf（"ERROR could not allocate memory for Format Context"）;
        return -1;
    }
    if（avformat_open_input（&pFormatContext, argv[1], NULL, NULL）< 0）{
        printf（"ERROR could not open the file"）;
        return -1;
    }
    // 打印输入文件的相关信息
    av_dump_format（pFormatContext, 0, argv[1], 0）;
    if（avformat_find_stream_info（pFormatContext, NULL）< 0）{
        printf（"ERROR could not get the stream info"）;
        return -1;
    }
    const AVCodec* pCodec = NULL;
    const AVCodecParameters* pCodecParameters = NULL;
    int video_stream_index = -1;
    for（int i = 0; i < pFormatContext->nb_streams; i++）{
        AVCodecParameters* pLocalCodecParameters = NULL;
        pLocalCodecParameters = pFormatContext->streams[i]->codecpar;
```

```
                const AVCodec* pLocalCodec = NULL;
                pLocalCodec = avcodec_find_decoder ( pLocalCodecParameters->codec_id );
                if ( pLocalCodec == NULL ) { // 如果没找到合适的解码器，则直接跳过
                    printf ( "ERROR unsupported codec!" );
                    continue;
                }
                if ( pLocalCodecParameters->codec_type == AVMEDIA_TYPE_VIDEO ) {
                    if ( video_stream_index == -1 ) {
                        video_stream_index = i;
                        pCodec = pLocalCodec;
                        pCodecParameters = pLocalCodecParameters;
                    }
                    printf ( "Video Codec: resolution %d x %d", pLocalCodecParameters->width,
pLocalCodecParameters->height );
                }
        }
        if ( video_stream_index == -1 ) {
            printf ( "File %s does not contain a video stream!", argv[1] );
            return -1;
        }
        AVCodecContext* pCodecContext = avcodec_alloc_context3 ( pCodec );
        if ( !pCodecContext ) {
            printf ( "failed to allocated memory for AVCodecContext" );
            return -1;
        }
        if ( avcodec_parameters_to_context ( pCodecContext, pCodecParameters ) < 0 ) {
            printf ( "failed to copy codec params to codec context" );
            return -1;
        }
        if ( avcodec_open2 ( pCodecContext, pCodec, NULL ) < 0 ) {
            printf ( "failed to open codec through avcodec_open2" );
            return -1;
        }
        AVFrame* pFrame = av_frame_alloc ( );
        if ( !pFrame ) {
            printf ( "failed to allocate memory for AVFrame" );
            return -1;
        }
        AVPacket* pPacket = av_packet_alloc ( );
        if ( !pPacket ) {
            printf ( "failed to allocate memory for AVPacket" );
            return -1;
        }
        int response = 0;
        while ( av_read_frame ( pFormatContext, pPacket ) >= 0 ) {
            if ( pPacket->stream_index == video_stream_index ) {
```

```
            response = decode_packet(pPacket, pCodecContext, pFrame, decode_file_name);
            if (response < 0)
                break;
        }
        av_packet_unref(pPacket);
    }
    printf("releasing all the resources");
    avformat_close_input(&pFormatContext);
    av_packet_free(&pPacket);
    av_frame_free(&pFrame);
    avcodec_free_context(&pCodecContext);
    return 0;
}

int decode_packet(AVPacket* pPacket, AVCodecContext* pCodecContext, AVFrame* pFrame, const
char* output_file_name){
    FILE* output_fp = fopen(output_file_name, "ab");
    if (avcodec_send_packet(pCodecContext, pPacket)< 0){
        printf("Error while sending a packet to the decoder");
        return -1;
    }
    while (avcodec_receive_frame(pCodecContext, pFrame)>= 0){
        save_yuv_frame(pFrame, output_fp);
    }
    fclose(output_fp);
    return 0;
}

void save_yuv_frame(AVFrame* pFrame, FILE* output_fp){
    const uint8_t* Y = pFrame->data[0];
    const uint8_t* U = pFrame->data[1];
    const uint8_t* V = pFrame->data[2];
    int yLinsize = pFrame->linesize[0];
    int uLinsize = pFrame->linesize[1];
    int vLinsize = pFrame->linesize[2];
    for (int y = 0; y < pFrame->height; y++){
        fwrite(Y + y * yLinsize, 1, pFrame->width, output_fp);
    }
    for (int u = 0; u < pFrame->height / 2; u++){
        fwrite(U + u * uLinsize, 1, pFrame->width / 2, output_fp);
    }
    for (int v = 0; v < pFrame->height / 2; v++){
        fwrite(V + v * vLinsize, 1, pFrame->width / 2, output_fp);
    }
}
```

以上代码有两个输入参数，分别为待解码的视频文件名和解码后 YUV 文件名。在 Visual

Stutio 中，可以在调试页面设置输入参数信息，每个参数都使用空格隔开。打开调试页面的具体步骤为：在属性页界面中，选择"所有配置"选项，单击"配置属性"按钮，选择"调试"选项。代码执行完后，使用 YUView[①] 软件播放 YUV 文件，如图 6-31 所示。输入源视频对应的宽度、高度及对应的 YUV 格式信息，就能观看 YUV 文件，也可以使用 ffplay 观看 YUV 文件。

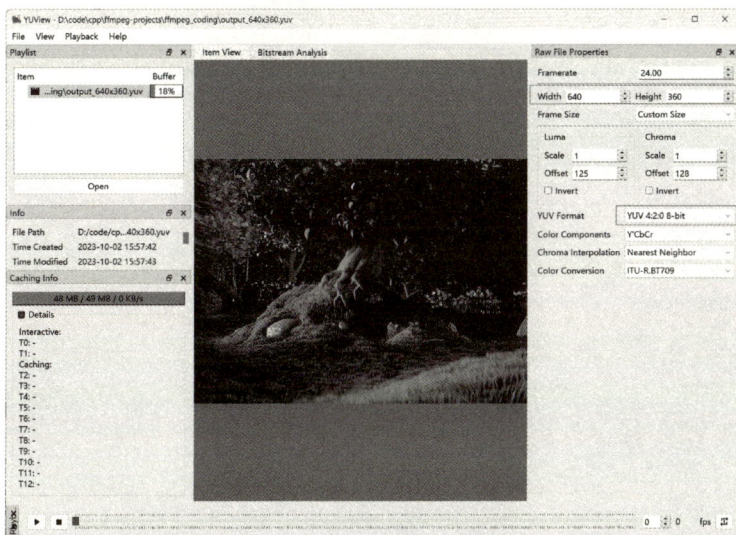

图 6-31　播放 YUV 文件

```
# W 和 H 分别表示视频的宽度和高度
ffplay -video_size WxH -pixel_format yuv420p -i .\output_640x360.yuv
```

6.4.3　FFmpeg SDK 视频编码

使用 FFmpeg SDK 进行编码的流程和进行解码的流程相反，其编码流程如图 6-32 所示。

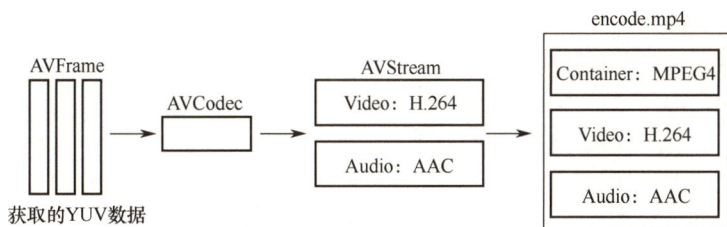

图 6-32　FFmpeg SDK 编码流程

（1）通过 avcodec_find_encoder_by_name 函数获取指定的编码器。

（2）设置编码器的相关参数，如码率、帧率、GOP 大小等。

（3）获取待编码的 YUV 数据，并存入 AVFrame 结构体中。

---

① YUView 是一个跨平台的 YUV 播放器，基于 QT 开发，并拥有强大的分析工具集。

（4）通过 avcodec_send_frame 函数，把 AVFrame 结构体送入编码器（编码器在 AVCodecContext 中）进行编码。

（5）通过 avcodec_receive_packet 从 AVCodecContext 结构体中取出编码后的 packet。

（6）将 packet 数据写入本地文件即可，也可以使用容器对 packet 进行封装后再写入本地文件。

以下是基于 FFmpeg 提供的 video_encode.c 进行编码的过程。FFmpeg 提供的代码只支持 mp4 格式的容器输出，若需要其他容器（如 mkv 格式等）输出，则需要使用 libavformat 进行处理。

```c
extern "C" {
#include <stdio.h>
#include <stdlib.h>
#include <libavcodec/avcodec.h>
#include <libavformat/avformat.h>
}

static void encode（AVCodecContext* enc_ctx, AVFrame* frame, AVPacket* pkt, FILE* outfile）;
int main（int argc, char** argv）
{
    const char* filename, * codec_name; // 输出文件名和编解码器名称
    const AVCodec* pCodec; // 编解码器指针
    AVCodecContext* pCodecContext = NULL; // 编解码器上下文
    FILE* output_fp = NULL; // 输出文件
    AVFrame* frame; // 视频帧
    AVPacket* pkt; // 数据包
    uint8_t endcode[] = { 0, 0, 1, 0xb7 }; // MPEG1/2 结束码

    if （argc <= 2）{ // 检查命令行参数数量
        fprintf（stderr, "Usage: %s <output file> <codec name>", argv[0]）;
        exit（0）;
    }

    // 获取输出文件名和编解码器名称
    filename = argv[1];
    codec_name = argv[2];

    // 根据编解码器名称查找编解码器
    pCodec = avcodec_find_encoder_by_name（codec_name）;
    if （!pCodec）{
        fprintf（stderr, "Cannot find codec '%s'", codec_name）;
        exit（1）;
    }
    // 分配编解码器上下文
    pCodecContext = avcodec_alloc_context3（pCodec）;
    if （!pCodecContext）{
```

```
        fprintf ( stderr, "Cannot allocate video codec context" ) ;
        exit ( 1 ) ;
}

// 分配数据包
pkt = av_packet_alloc ( ) ;
if ( !pkt )
    exit ( 1 ) ;

// 设置编解码器上下文参数
pCodecContext->bit_rate = 400000;
pCodecContext->width = 352;
pCodecContext->height = 288;

AVRational time_base = { 1, 25 };
AVRational frame_rate = { 25, 1 };

pCodecContext->time_base = time_base;
pCodecContext->framerate = frame_rate;
pCodecContext->gop_size = 10;
pCodecContext->max_b_frames = 1;
pCodecContext->pix_fmt = AV_PIX_FMT_YUV420P;

// 打开编解码器
int ret = avcodec_open2 ( pCodecContext, pCodec, NULL ) ;
if ( ret < 0 ) {
    fprintf ( stderr, "Cannot open codec." ) ;

    exit ( 1 ) ;
}

// 打开输出文件
output_fp = fopen ( filename, "wb" ) ;
if ( !output_fp ) {
    fprintf ( stderr, "Cannot open %s" , filename ) ;
    exit ( 1 ) ;
}

// 分配视频帧
frame = av_frame_alloc ( ) ;
if ( !frame ) {
    fprintf ( stderr, "Cannot allocate video frame" ) ;
    exit ( 1 ) ;
}

// 设置视频帧格式、宽度和高度
```

```
frame->format = pCodecContext->pix_fmt;
frame->width = pCodecContext->width;
frame->height = pCodecContext->height;

// 为视频帧分配缓冲区
ret = av_frame_get_buffer（frame, 0）;
if（ret < 0）{
    fprintf（stderr, "Cannot allocate video frame data"）;
    exit（1）;
}

// 循环编码 25 帧图像
for（int i = 0; i < 25; i++）{
    // 使视频帧可写入
    ret = av_frame_make_writable（frame）;
    if（ret < 0）
        exit（1）;

    // 填充 Y 分量数据（亮度）
    for（int y = 0; y < pCodecContext->height; y++）{
        for（int x = 0; x < pCodecContext->width; x++）{
            frame->data[0][y * frame->linesize[0] + x] = x + y + i * 3;
        }
    }

    // 填充 UV 分量数据（色度）
    for（int y = 0; y < pCodecContext->height / 2; y++）{
        for（int x = 0; x < pCodecContext->width / 2; x++）{
            frame->data[1][y * frame->linesize[1] + x] = 128 + y + i * 2;
            frame->data[2][y * frame->linesize[2] + x] = 64 + x + i * 5;
        }
    }
    frame->pts = i; // 设置帧的 PTS（显示时间戳）
    encode（pCodecContext, frame, pkt, output_fp）; // 调用编码函数
}

encode（pCodecContext, NULL, pkt, output_fp）; // 编码最后一帧，标志视频流结束

// 如果编解码器是 MPEG1 或 MPEG2，则写入结束码到输出文件
if（pCodec->id == AV_CODEC_ID_MPEG1VIDEO || pCodec->id == AV_CODEC_ID_MPEG2VIDEO）
    fwrite（endcode, 1, sizeof（endcode）, output_fp）;

fclose（output_fp）; // 关闭输出文件
avcodec_free_context（&pCodecContext）; // 释放资源
av_frame_free（&frame）;
av_packet_free（&pkt）;
```

```
    return 0;
}
static void encode (AVCodecContext* enc_ctx, AVFrame* frame, AVPacket* pkt, FILE* outfile)
{
    int ret;

    ret = avcodec_send_frame (enc_ctx, frame); // 把 frame 送入编码器进行编码
    if (ret < 0){
        printf ("Error sending frame for encoding\n");
        exit (1);
    }
    while (ret >= 0){
        ret = avcodec_receive_packet (enc_ctx, pkt);// 获取编码后的 packet 数据
        if (ret == AVERROR (EAGAIN) || ret == AVERROR_EOF)
            return;
        else if (ret < 0){
            printf ("Error occurred during encoding\n");
            exit (1);
        }
        fwrite (pkt->data, 1, pkt->size, outfile);  // 把编码后的数据存入本地文件
        av_packet_unref (pkt);
    }
}
```

以上代码有两个输入参数，分别为编码后输出的视频文件名和采用的编码器。这里将输出的视频文件名设置为 encode.mp4，将编码器设置为 libx265。参数具体设置步骤见 6.4.2 节，可以在调试页面设置输入参数信息，每个参数使用空格隔开。执行完代码后，得到编码后的视频（encode.mp4，视频内容由代码生成），如图 6-33 所示。

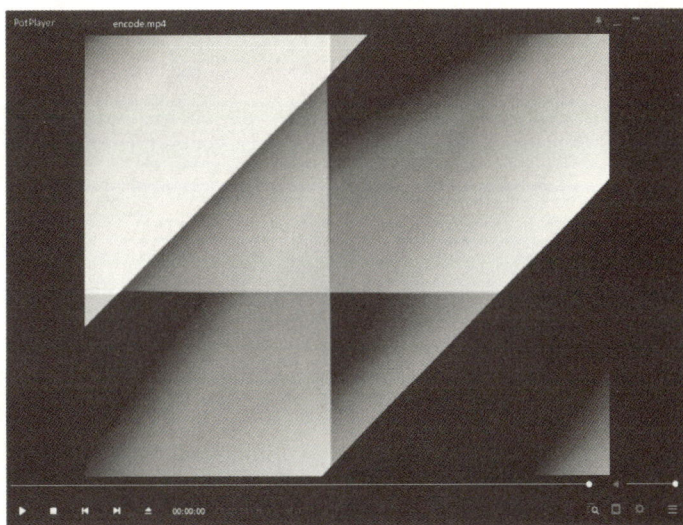

图 6-33　指定参数编码后的视频

在代码中通过参数告知 FFmpeg 使用 libx265（H.265）来编码，下面用 MediaInfo 软件（也可以使用 ffprobe 查看）来验证设置的参数是否生效，如图 6-34 所示。根据如图 6-34 所示的内容，可以看出生成的视频编码方式确实为 H.265（HEVC）格式。

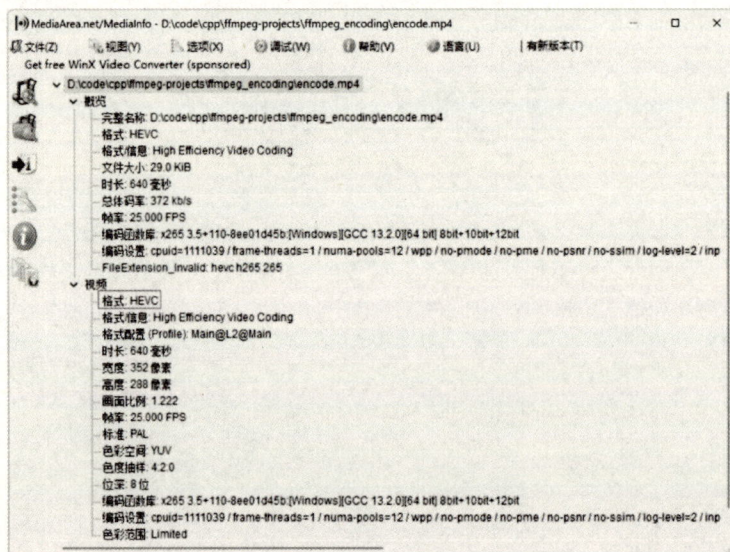

图 6-34　编码后的视频相关参数

【习题 6】

1. 利用 ffplay 命令完成一段视频从 20s 开始，播放 30s 的操作，并将播放窗的 "title" 设置为 "此为截取片段"。

2. 利用 ffmpeg 命令完成：将 mp4 文件中的 AAC 音频流提取出来；将音视频文件的视频流提取出来，并存为 "H.264" 文件。

3. 利用 ffmpeg 命令完成输入一个视频和一张图片，先将图片缩放为 180 像素 × 150 像素，作为 logo，再将其放在视频的左上角。

4. 利用 ffmpeg 命令完成：在视频上加一段拟好的字幕。

5. 利用 FFmpeg SDK 完成一个简单的播放器。

第 7 章　视频显示处理

知识点：

- ◇ 扫描变换与去隔行方法
- ◇ 分辨率变换
- ◇ 视频图像旋转
- ◇ 视频转换输出

数字视频变换是视频处理、分析与显示的基础，主要包括：色差分量空间变换及不同表示位数（去抖）转换、帧频转换、隔行/逐行转换、模块缩放（像素点插值或减少）、自适应调整（色调及空间旋转）、色彩增强、显示延时补偿及 Gamma 校正等，如图 7-1 所示。

视频处理将接收到的编码（压缩）解码后，根据屏显及接收端的要求，进行相应的变换处理。视频图像处理输入数据为解码模块（或芯片）、解码输出数据或其他高速接口转换输出数据，大多为 24 bit YC_BC_R 并行视频数据。

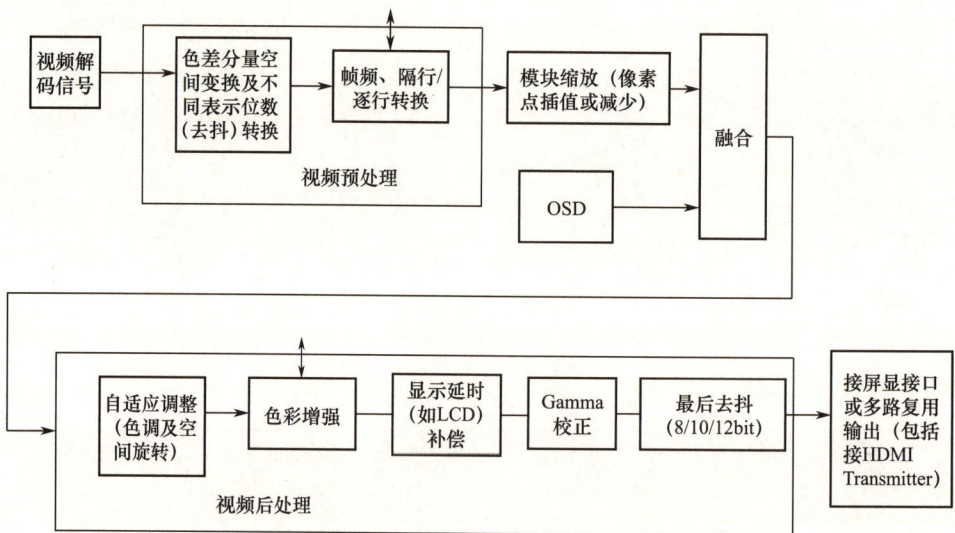

图 7-1　视频显示处理功能图

7.1　扫描变换

隔行扫描是受限于电视系统发展初期的技术水平而采取的方法，计算机显示系统因对人眼敏感度高（长时、定向注视），故采用逐行扫描；为了混合显示电视信号与计算机视频信号，需要对标准电视信号进行去隔行处理，并将其转换为逐行扫描信号。

7.1.1　行扫描方式

1. 逐行扫描

在电视系统中，偏转线圈同时产生水平方向与垂直方向的偏转磁场。电子束在这两个偏转磁场的共同作用下，在显像管的荧光屏上做自上而下、从左至右的匀速直线扫描。一行接一行的扫描方式称为逐行扫描，时间顺序与空间顺序是一致的。

2. 隔行扫描

在电视技术中，将一幅画面称为一帧，PAL 制式规定每秒传送 25 帧，每帧又分割为 625 行，因此每秒传送 $25 \times 625 = 15625$ 行。由于人眼的视觉惰性和分辨力有限，因此为了不产生亮度闪烁感并保证足够清晰度，场扫描频率需在 48Hz 以上，扫描行数需在 500 行以上，电视图像信号的频带宽度将达到 11MHz，这与 PAL 的 6MHz 相差近两倍。所以，使用隔行扫描可以降低设备的复杂度，图像的清晰度也不会太低，既能克服闪烁效应，也不会使图像信号频带过宽。

隔行扫描是将一帧电视图像分成两场进行扫描，第一场完成光栅的奇数行扫描，第二场完成光栅的偶数行扫描。例如，每秒传送 25 帧图像，那么每秒扫描 50 场，即场频为 50Hz，奇数行的下一帧扫描起点应与上一帧扫描起点相同，以便保证各帧扫描光栅重叠；相邻两场扫描光栅必须均匀镶嵌，以获得最高清晰度，而且视频图像不会闪烁。

7.1.2　去隔行方法

1. 扫描线逐行法

扫描线逐行法就是将两场的显示数据存储起来，显示时轮流从奇、偶场存储器中提取数据放在一个逐行扫描（PAL 为每秒 25 帧，NTSC 为每秒 30 帧）的帧存储器中，每帧重复显示一次。如图 7-2 所示，扫描线逐行法使原来的隔行扫描变成逐行扫描，在每个 1/50s 或 1/60s 的时间内行数增加一倍，亮度和清晰度都得到提高，该方法适用于静止图像和文字显示。由于显示时一帧的行取自原来的两场，奇、偶行之间有 1/50s 或 1/60s 的时间差，因此对于动态视频图像来说，在图像边界处会产生断裂现象，典型情况为锯齿形。

扫描线逐行法用来处理静止图像，如当照相机的图像需要扫描线加倍时，该方法非常实用，是显示静态文件的最佳选择。扫描线逐行法提供原始图像的精确描述是由于提取了两幅原始场景，并混合成一帧。在标准 PAL 电视系统中，绘制一场（奇数场）需要在 1/50s 内扫描 312.5 行，接着在下一个 1/50s 内绘制第二场（偶数场），并与第一场混合。因此，完全的一帧，在 1/25s 内，混合两个 312.5 行的像点。先从两

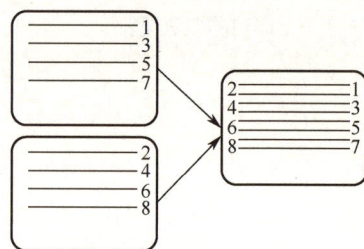

图 7-2　扫描线逐行法

个场中提取行，并把它们的行号以自然顺序存储起来，然后输出行，去构造一幅新的扫描线行数加倍的帧。在 1/50s 内，一幅 625 行的帧被显示出来，取代两个 312.5 行的场所构造的帧，把扫描频率从 15.625kHz 提高到 31.25kHz。

对于一幅静止的图像，采用扫描线逐行法的显示设备能清晰呈现出一幅细节丰富的原始图像。然而，当图像中有运动的物体时，将会造成图像的边缘出现裂缝，即齿状现象。这是因为改变的行是从两场中提取出来的，并且这两场在 1/50s 时间内是分离的。即使在两场间这么短的时间内，运动也将会引起一幅视频图像的漂移，在改变的行中出现漂移现象，因此扫描线逐行法不适合对运动的视频图像进行扫描。

2. 扫描线复制法

扫描线复制法是指对奇数场和偶数场的每行数据扫描两次（生成两行），处理完奇数场再处理偶数场，依次进行；这种方法消除了运动图像在两场之间的时间差，不会产生扫描线逐行法带来的运动图像的断裂现象，如图 7-3（a）所示。

在标准 NTSC 电视系统中，扫描线复制法是处理运动图像的一种较好选择，这种方法提取每个场，并且复制场中的每一行。所以，在奇数场中，第一行扫描线同这条扫描线的复制线相接，第三条扫描线后接这条线的复制线，依此类推，结果形成了一个 525 行的场，每场通常将在 1/60s 内扫描一遍。在这种方法中，每帧组成的扫描线都来自同一场，所以任何发生在场之间的运动变化将不会造成图像的扭曲。

这种方法的主要问题出现在轮廓处理上，尤其是几何形轮廓。本应在第一条扫描线和原第三条扫描线长度之间的长度，复制线却与原始线有相同的长度，这就会导致在一个角或曲线上出现轻微的变形。

扫描线复制法的复制行长度与原始行长度相同，导致画曲线或带角度的图形会产生几何失真，典型情况是三角形斜边上的阶梯现象。如图 7-3（b）所示，左边是奇、偶两场合成显示的情况，右边为行复制后一帧显示的有失真的三角形。

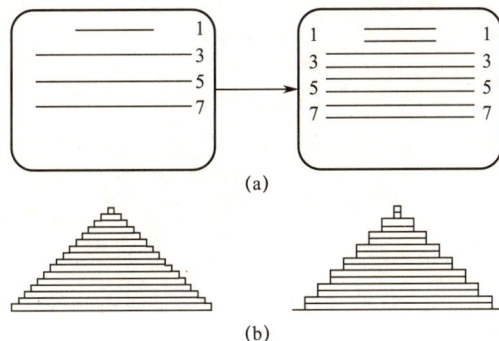

(a)

(b)

图 7-3　扫描线复制法

3. 扫描线平均法

在采用扫描线平均法时，新行的像素值是原来相邻两行的平均值。在图 7-4 中，显示出来的第二行是原来第一行和第三行的平均值，其结果会产生相邻两行的中间色或灰度。这种方法既没有扫描线逐行法的运动图像断裂现象，也消除了扫描线复制法的阶梯现象。

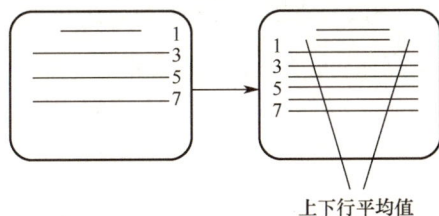

上下行平均值

图 7-4　扫描线平均法

扫描线平均法比扫描线复制法更精确，在该方法中，一条新的扫描线由两条相邻扫描线对应的平均构造得出，如在奇数场中相邻的第一条扫描线和第三条扫描线。与扫描线复制法相比，在两条扫描线中间形成较平滑的过渡。这条新构造的扫描线被放在用扫描线平均法来构造它的两条相邻线之间，为了构造新的扫描线，帧数据首先被存起来，并且两条扫描线对应逐点平均。对于 NTSC 视频信号，形成一个具有 525 行的场，通常每场将在 1/60s 内扫描完毕。如图 7-4 所示，这条平均后的线的端点将是它上、下两条线的一个平均，结果会出现一些中间的颜色和形状。

因为所有扫描线都来自同一场，所以扫描线平均法处理运动图像好一些。同时，它比用扫描线复制法处理的图形要好，因为该方法的扫描线的长度更精确。扫描线平均法也有它的缺点：一是只采用软件计算速度不够，需要大量硬件来实现运算处理，其造价要高得多；二是在使用面积图案显示时，图形边界或棱角处的颜色、灰度和形状的明显变化并将消失。例如，在一个正方形的绿窗中有一个蓝色的圆平面，圆的边缘将会被平均成蓝绿色，取代蓝色和绿色之间明显的变化。这种情形会在处理文字时出现，因为文字与背景之间通常有一个显著变化，经过扫描线平均法处理后，会产生文字颜色和背景颜色的混合色，显著界限将会消失。

4. 运动插值法

运动插值法是扫描线平均法和扫描线逐行法的结合，将图像分成运动部分和静止部分，对运动部分使用扫描线平均法，对静止部分使用扫描线逐行法。例如，对于由一些建筑物和开动的汽车组成的视频图像，使用扫描线逐行法对建筑物部分的像素进行行加倍处理；对组成运动汽车的像素采用扫描线平均法处理。这种方法的难点在于很难检测哪些部分是真正运动的，因为除了实际运动部分，场景的变化、噪声或其他因素都会引起像素值改变。如果这些因素作为运动部分被误判，则错误的处理结果将导致图像劣化。

同时，这会增加运动检测及视频分割的运算开销。在实际处理中，应考虑实际效果与运算成本的平衡。

7.2 分辨率变换

图像分辨率的变换是为获得图像的细节信息或整体概貌而进行的缩放，数字视频插值广泛应用于视频图像分辨率变换中。图像的插值又称图像的缩放，即使用连续的插值基函数对离散图像进行采样，通过图像待插值点邻域的像素信息来计算出待插值点的像素信息。

7.2.1 理想插值

对一帧连续图像 $s(x,y)$ 进行采样，只要满足奈奎斯特采样定理，采样频谱 $S(u,v)$ 在频域的重复就不会混叠。只要在频域增加一个适当采样的矩形框，原始的连续图像就可以从它的离散采样函数 $s(x,y)$ 中完全恢复出来。一维理想插值在时域可以通过与 $\mathrm{sinc}(x)$ 函数的卷积实现，因此理想插值的一维基函数为

$$h_0(x) = \frac{\sin(\pi x)}{\pi x} = \sin c(x) \tag{7-1}$$

理想插值示意图如图 7-5 所示。

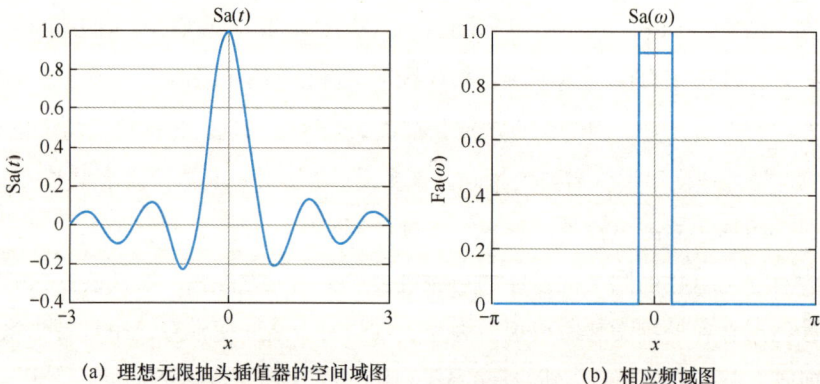

(a) 理想无限抽头插值器的空间域图　　　　(b) 相应频域图

图 7-5　理想插值示意图

图 7-5（a）为理想无限抽头插值器的空间域图，它在 $-3<x<3$ 范围内被截短；图 7-5（b）为相应频域图，它的通带有限，范围是 $-\pi<\omega<\pi$，并且在通带内，幅值为常数 1，阻带为 0，波形为理想矩形框。

理想插值函数在理论上可以完全重建 $s(x,y)$，但由于理想插值函数在空间域无限，因此实际上无法实现。它的意义在于作为一种参考依据，可用于比较各种可实现插值函数的性能。而各种可实现的插值函数实际上是对理想插值函数多种方式的逼近。

7.2.2 最近邻插值

对理想 sinc 函数，最简单的近似方法就是利用空间有限的最近邻原则，$s(x)$ 的值选择与它最邻近点 $s(k)$ 的值，插值基函数为

$$h_1(x) = \begin{cases} 1, & 0 \leqslant |x| < 0.5 \\ 0, & 其他 \end{cases} \tag{7-2}$$

$h_1(x)$ 等价于在空间域与一个矩形函数进行卷积。最近邻插值示意图如图 7-6 所示。

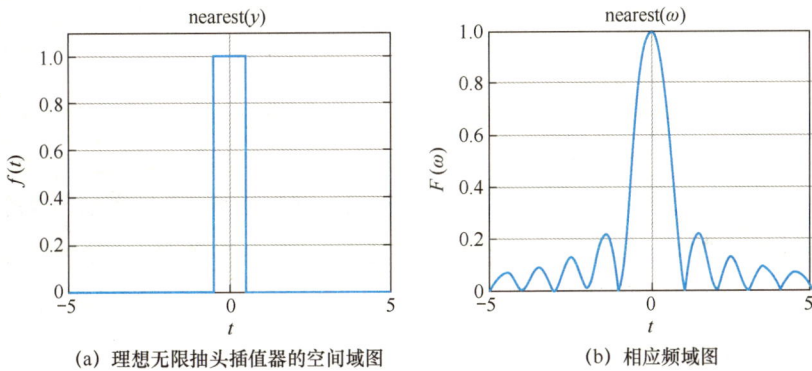

（a）理想无限抽头插值器的空间域图　　（b）相应频域图

图 7-6　最近邻插值示意图

从图 7-6 可以看出，它的频谱为 sinc 函数。在临界点上（若相邻点距都为 0.5，则插入值为 0），通带的增益迅速下降，因此这种插值器会产生强烈的图像混淆和模糊效果。

举例说明：3×3 的深度为 8 的 256 级灰度图，即高为 3 个像素，宽也为 3 个像素，每个像素的取值可以是 0～255，表示该像素的亮度，255 代表最亮，即白色，0 代表最暗，即黑色。3×3 矩阵原像素数据如表 7-1 所示。

表 7-1　3×3 矩阵原像素数据

244	152	78
111	85	42
64	57	50

把这幅图放大为 4×4 大小的图像，那么该坐标对应原图中的坐标可以由以下公式得出：

$$srcX = dstX \times (\ srcWidth\ /\ dstWidth\ )$$

$$srcY = dstY \times (\ srcHeight\ /\ dstHeight\ )$$

利用公式，就可以找到对应的原图的坐标了，即 $(0 \times (3/4), 0 \times (3/4)) = (0 \times 0.75, 0 \times 0.75) = (0,0)$。找到原图的对应坐标，就可以把原图中坐标为 (0,0) 处的 244 像素值填进目标图的 (0,0) 这个位置了。

接下来，寻找目标图中坐标为 (1,0) 的像素对应原图中的坐标，套用公式：$(1 \times 0.75, 0 \times 0.75) = (0.75,0)$。结果发现，得到的坐标里面竟然有小数，这时采用四舍五入的方法，把非整数坐标转换成整数，那么按照四舍五入的方法就得到坐标 (1,0)，完整的运算过程为 $(1 \times 0.75, 0 \times 0.75) = (0.75,0) = (1,0)$。接下来可以再填一个像素到目标矩阵中，同样是把原图中坐标为 (1,0) 处的像素值 152 填入目标图中的坐标。

依次填完每个像素，一幅放大后的图像就生成了，插值后矩阵像素数据如表 7-2 所示。

表 7-2　插值后矩阵像素数据

244	152	78	78
111	85	42	42
64	57	50	50
64	65	63	63

这种放大图像的方法叫作最近邻插值算法，这是一种最基本、最简单的图像缩放算法，效果也是最不好的，放大后的图像有很严重的马赛克，缩小后的图像有很严重的失真。例如，当由目标图的坐标反推得到原图的坐标是一个浮点数时，采用四舍五入的方法，并直接采用和这个浮点数最接近的像素的值，这种方法是很不科学的，当推得坐标值为 0.75 时，不应该就简单地取为 1，既然是 0.75，比 1 要小 0.25，比 0 要大 0.75，那么目标像素值其实应该根据这个原图中虚拟点周围的四个真实的点按照一定的规律计算出来，这样才能达到更好的缩放效果。双线性插值算法就是一种比较好的图像缩放算法，它充分利用了原图中虚拟点周围的四个真实存在的像素值来共同决定目标图中的一个像素值，缩放效果比简单的最近邻插值算法要好很多。

7.2.3　双线性插值

从视频图像分析，最近邻插值只是简单复制最相邻的一个像素点，因此会有比较明显的锯齿现象。为了对此加以改进，人们提出了双线性插值。对于独立的双线性插值，长宽两个方向的值都是通过与距离成反比的加权值得到的。所以 sinc 函数的双线性近似是一个三角函数，即

$$h_2(x) = \begin{cases} 1 - |x|, & 0 \leqslant |x| < 1 \\ 0, & \text{其他} \end{cases} \tag{7-3}$$

双线性插值示意图如图 7-7 所示。

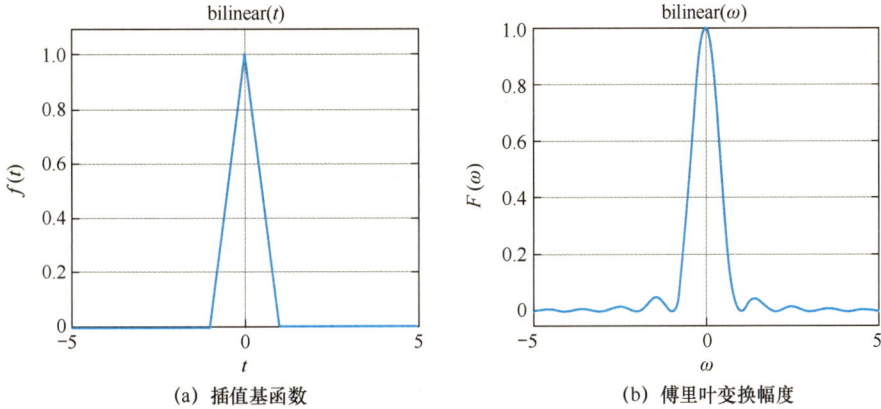

(a) 插值基函数　　　　　　　　　　(b) 傅里叶变换幅度

图 7-7　双线性插值示意图

从图 7-7 可以看出，因为阻带中的边带幅度比较大，所以双线性插值的主要缺点是会出现高频分量的削弱和数据混淆现象，位于交界点以外的数据会进入低频区域，插值后会出现模糊现象。

双线性插值是在线性插值基础上完成的，线性插值由两点确定直线两个点中间的某个点的像素值。

如图 7-8 所示，已知 Q_{12}、Q_{22}、Q_{11}、Q_{21}，但是要插值的点为 P，这就要用双线性插值了，首先在 x 轴方向上，对 R_1 和 R_2 两个点进行插值，然后根据 R_1 和 R_2 对 P 进行插值，这就是双线性插值。

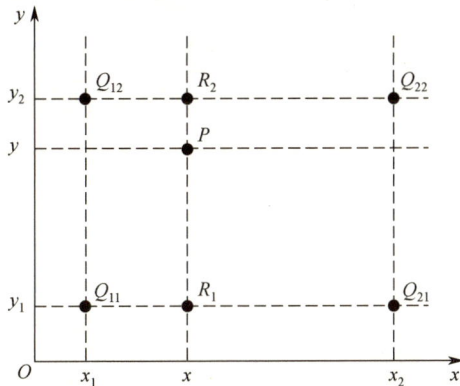

图 7-8　双线性插值点的像素值

假如想得到未知函数 f 在 $P = (x, y)$ 的值，假设已知函数 f 在 $Q_{11} = (x_1, y_1)$、$Q_{12} = (x_1, y_2)$、

$Q_{21}=(x_2,y_1)$ 及 $Q_{22}=(x_2,y_2)$ 四个点的值。首先在 x 轴方向进行线性插值（插值点的像素值权重与相邻点的距离因子成反比），得到

$$f(R_1) \approx \frac{x_2-x}{x_2-x_1}f(Q_{11}) + \frac{x-x_1}{x_2-x_1}f(Q_{21}), \ R_1=(x,y_1)$$

$$f(R_2) \approx \frac{x_2-x}{x_2-x_1}f(Q_{12}) + \frac{x-x_1}{x_2-x_1}f(Q_{22}), \ R_2=(x,y_2)$$

然后在 y 轴方向进行线性插值，得到

$$f(P) \approx \frac{y_2-y}{y_2-y_1}f(R_1) + \frac{y-y_1}{y_2-y_1}f(R_2)$$

这样就得到所要的结果 $f=(x,y)$，即

$$f(x,y) \approx \frac{f(Q_{11})}{(x_2-x_1)(y_2-y_1)}(x_2-x)(y_2-y) + \frac{f(Q_{21})}{(x_2-x_1)(y_2-y_1)}(x-x_1)(y_2-y) +$$
$$\frac{f(Q_{12})}{(x_2-x_1)(y_2-y_1)}(x_2-x)(y-y_1) + \frac{f(Q_{22})}{(x_2-x_1)(y_2-y_1)}(x-x_1)(y-y_1)$$

如果插值点 P 为四个点的中心，选择一个坐标系使 $f(x,y)$ 的 4 个已知点坐标分别为 $(0,0)$、$(0,1)$、$(1,0)$ 和 $(1,1)$，那么插值公式就可以化简为

$$f(x,y) \approx f(0,0)(1-x)(1-y) + f(0,1)x(1-y) + f(1,0)(1-x)y + f(1,1)xy$$

线性插值的结果与插值顺序无关。首先进行 y 轴方向的插值，然后进行 x 轴方向的插值，所得到的结果是一样的。

7.2.4 双三次插值

与最近邻插值相比，双线性插值用到四邻域的像素信息，细腻程度得到提高。在此基础上，提出更为精细的双三次插值，采用三次多项式近似表示 $\text{sinc}(x)$ 函数。这里首先构造一个 Bicubic 函数，它是根据邻近点与 P 点的相对位置计算该点权值的一个函数。

Bicubic 插值基函数（$N=4$）可以表示为

$$h_3(x) = \begin{cases} (a+2)|x|^3 - (a+3)|x|^2 + 1, & 0 \leqslant |x| < 1 \\ a|x|^3 - 5a|x|^2 + 8a|x| - 4a, & 1 \leqslant |x| < 2 \\ 0, & \text{其他} \end{cases} \quad (7\text{-}4)$$

式（7-4）中有一个参数 a，可以根据不同的需要为其设定不同的值，下面给出了当 $a=-1.3$ 时的 Bicubic 插值，如图 7-9 所示。

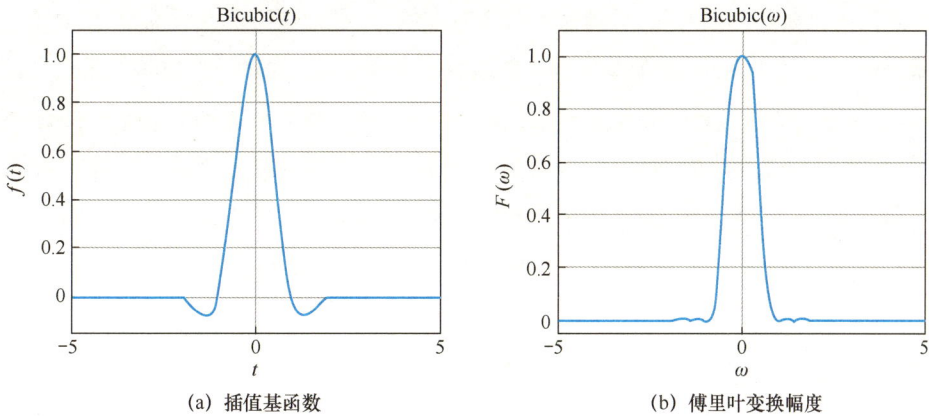

(a) 插值基函数　　　　　　　　　　(b) 傅里叶变换幅度

图 7-9　Bicubic 插值基函数（$a=-1.3$）

一般来说，当 $a=-0.5$ 时，Bicubic 插值基函数的傅里叶变换在通带内没有任何过冲，正频率方向只出现旁瓣，而且幅度都在 1% 以下，但高频分量有一定削弱。由于大多数图像的能量主要出现在低频部分，因此 $a=-0.5$ 被认为是一个不错的选择。

假设原图像 A 大小为 $m×n$，缩放 K 倍后的目标图像 B 的大小为 $M×N$，即 $K = M / m$。A 的每个像素点都是已知的，B 的每个像素点都是未知的，想要求出目标图像 B 中每个像素点 (X,Y) 的值，必须先找出像素 (X,Y) 在原图像 A 中对应的像素 (x,y)，再根据原图像 A 距离像素 (x,y) 最近的 16 个像素点作为计算目标图像 $B(X,Y)$ 处像素值的参数，利用 Bicubic 插值基函数求出 16 个像素点的权重，目标图像 B 像素 (x,y) 的值就等于 16 个像素点的加权叠加。

根据比例关系 $x/X=m/M=1/K$，可以得到 $B(X,Y)$ 在原图像 A 上的对应坐标为 $A(x,y)=A(X×(m/M),Y×(n/N))=A(X/K,Y/K)$。图 7-10 中的 P 点就是目标图像 B 在 (X,Y) 处对应于原图像 A 中的位置，P 点的坐标位置会出现小数部分，所以假设 P 点的坐标为 $P(x+u,y+v)$，其中 x，y 分别表示整数部分，u，v 分别表示小数部分（中心点 * 与各邻近点的距离）。那么就可以得到如图 7-10 所示的最近 16 个像素点的位置，即用 $Q(i,j)(i,j=0,1,2,3)$ 表示。

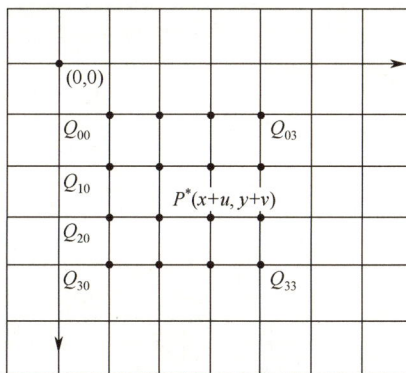

图 7-10　计算缩放 K 倍后的目标像素点

我们要做的就是求出 Bicubic 插值基函数中的参数 x，从而获得上面所说的 16 个像素点所对应的权重 $W(x)$。因为 Bicubic 插值基函数是一维的，而像素是二维的，所以将像素点的行与列分开计算。Bicubic 插值基函数中的参数 x 表示该像素点到 P 点的距离，如 Q_{00} 到 $P(x+u, y+v)$ 的距离为 $(1+u, 1+v)$，因此 Q_{00} 的横坐标权重 $i_0 = W(1+u)$，纵坐标权重 $j_0 = W(1+v)$，Q_{00} 对 $B(X, Y)$ 的贡献值为 $I(a_{00})i_0 j_0$。因此，Q_{0x} 的横坐标权重分别为 $W(1+u)$、$W(u)$、$W(1-u)$、$W(2-u)$；Q_{y0} 的纵坐标权重分别为 $W(1+v)$、$W(v)$、$W(1-v)$、$W(2-v)$。$B(X, Y)$ 的像素值为

$$B(X, Y) = \sum_{i=0}^{3} \sum_{j=0}^{3} Q_{ij} W(i) W(j)$$

对于插值的像素点 (x, y)（x 和 y 可以为浮点数），取其附近的 4×4 邻域点 $(x_i, y_i)(i, j = 0,1,2,3)$。按以下公式进行插值计算，即

$$f(X, Y) = \sum_{i=0}^{3} \sum_{j=0}^{3} f(x_i, y_i) W(x - x_i) W(y - y_i) \tag{7-5}$$

7.3 视频图像旋转

视频图像的旋转变换是一种几何变换，就是原图像到目标图像的坐标变换，其简单方法是先把原图像的每个点的坐标通过矩阵运算转换为目标图像相应点的新坐标，然后从原图像中取出相应数据构成目标图像。

图像的旋转就是让图像参照某一点旋转指定的角度。图像旋转后不会变形，但是其垂直对称轴和水平对称轴都会发生改变，旋转后的图像坐标和原图像坐标之间的关系已不能通过简单的加、减、乘得到，而需要通过一系列的复杂运算。图像在旋转后的宽度和高度都会发生变换，同时原点也会发生变换。

（1）坐标原点变换。图像所用的坐标系不是常用的笛卡儿坐标系，其左上角是其坐标原点，x 轴沿着水平方向向右，y 轴沿着竖直方向向下。在旋转过程中，一般使用旋转中心为坐标原点的笛卡儿坐标系，所以图像旋转的第一步就是坐标系的变换。设旋转中心为 (x_0, y_0)，(x', y') 是旋转后的坐标，如图 7-11 所示。

(x, y) 是旋转前的坐标，则坐标变换为

$$\begin{cases} x' = x - x_0 \\ y' = -y + y_0 \end{cases}$$

矩阵表示为

$$\begin{bmatrix} x' & y' & 1 \end{bmatrix} = \begin{bmatrix} x & y & 1 \end{bmatrix} \begin{bmatrix} 1 & 0 & 0 \\ 0 & -1 & 0 \\ x_0 & y_0 & 1 \end{bmatrix}$$

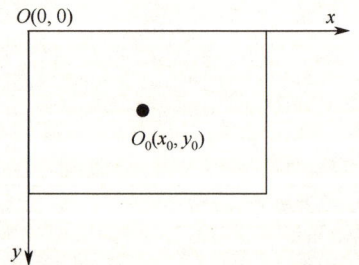

图 7-11 视频旋转原点定位图

在最终的实现中，常用到的是由缩放后的图像通过映射关系找到其坐标在原图像中的相应位置，这就需要上述映射的逆变换，即

$$[x'\quad y'\quad 1]=[x\quad y\quad 1]\begin{bmatrix}1 & 0 & x_0\\ 0 & -1 & y_0\\ 0 & 0 & 1\end{bmatrix}$$

（2）坐标系变换到以旋转中心为原点后，接下来就要对图像的坐标进行变换，如图 7-12 所示。

在图 7-12 中，将坐标 (x_0,y_0) 按顺时针方向旋转角度 a，得到 (x_1,y_1)。旋转前有

$$\begin{cases}x_0 = r\cos b\\ y_0 = r\sin b\end{cases}$$

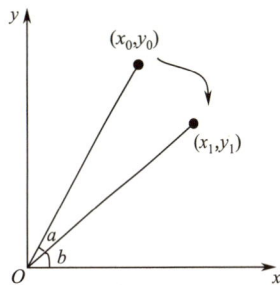

图 7-12　旋转极坐标

旋转角度 a 后有为

$$\begin{cases}x_1 = r\cos(b-a)=r\cos b\cos a+r\sin b\sin a=x_0\cos a+y_0\sin a\\ y_1 = r\sin(b-a)=r\sin b\cos a-r\cos b\sin a=-x_0\sin a+y_0\cos a\end{cases}$$

矩阵的表示形式为

$$[x_1\quad y_1\quad 1]=[x_0\quad y_0\quad 1]\begin{bmatrix}\cos a & -\sin a & 0\\ \sin a & \cos a & 0\\ 0 & 0 & 1\end{bmatrix}\qquad（7-6）$$

其逆变换为

$$[x_0\quad y_0\quad 1]=[x_1\quad y_1\quad 1]\begin{bmatrix}\cos a & \sin a & 0\\ -\sin a & \cos a & 0\\ 0 & 0 & 1\end{bmatrix}$$

（3）由于在旋转时是以旋转中心为坐标原点的，因此旋转结束后还需要将坐标原点移到图像左上角，也就是再进行一次变换。旋转中心的坐标 (x_0,y_0) 是在以原图像的左上角为坐标原点的坐标系中得到的，而在旋转后由于图像的宽度和高度发生了变化，也就导致了旋转后图像的坐标原点和旋转前相比较发生了变化，图像旋转前后比较如图 7-13 所示。

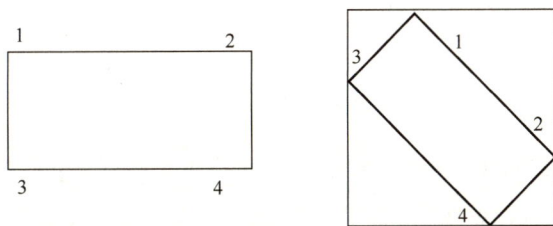

图 7-13　图像旋转前后比较

从图 7-13 可以看到，旋转前后图像的左上角，也就是坐标原点发生了变化。

在求图像旋转后左上角的坐标前，先来确定旋转后图像的宽度和高度。从图 7-13 可以看出，旋转后图像的宽度和高度与原图像的 4 个角旋转后的位置有关。

设 top 为旋转后最高点的纵坐标，down 为旋转后最低点的纵坐标，left 为旋转后最左边点的横坐标，right 为旋转后最右边点的横坐标。旋转后的宽度和高度分别为 newWidth 和 newHeight，则可以得到下面的关系，即

$$\begin{cases} \text{newWidth} = \text{right} - \text{left} \\ \text{newHeight} = \text{top} - \text{down} \end{cases} \quad (7\text{-}7)$$

$$\begin{cases} x' = x + \text{left} \\ y' = -y + \text{top} \end{cases}$$

其中，(x',y') 为变换后的坐标，(x,y) 为变换前的坐标。

也就很容易得出旋转后图像左上角坐标 (left,top)（以旋转中心为原点的坐标系），故在旋转完成后要将坐标系转换为以图像的左上角为坐标原点，可由下面变换关系得到。

矩阵表示为

$$[x' \quad y' \quad 1] = [x \quad y \quad 1]\begin{bmatrix} 1 & 0 & 0 \\ 0 & -1 & 0 \\ \text{left} & \text{top} & 1 \end{bmatrix} \quad (7\text{-}8)$$

其逆变换为

$$[x \quad y \quad 1] = [x' \quad y' \quad 1]\begin{bmatrix} 1 & 0 & \text{left} \\ 0 & -1 & \text{top} \\ 0 & 0 & 1 \end{bmatrix}$$

综上所述，也就是说原图像的像素坐标要经过如下三次坐标变换。

① 将坐标原点由图像的左上角变换到旋转中心。

② 以旋转中心为原点，图像旋转角度为 a。

③ 旋转结束后，将坐标原点变换到旋转后图像的左上角可以得到下面的旋转公式，即

$$[x \quad y \quad 1] = [x' \quad y' \quad 1]\begin{bmatrix} 1 & 0 & 0 \\ 0 & -1 & 0 \\ -x_0 & y_0 & 1 \end{bmatrix}\begin{bmatrix} \cos a & -\sin a & 0 \\ \sin a & \cos a & 0 \\ 0 & 0 & 1 \end{bmatrix}\begin{bmatrix} 1 & 0 & \text{left} \\ 0 & -1 & \text{top} \\ 0 & 0 & 1 \end{bmatrix}$$

(x',y') 为旋转后的坐标，(x,y) 为原坐标，(x_0,y_0) 为旋转中心，a 为旋转的角度（顺时针）。由输入图像通过映射得到输出图像的坐标，是向前映射；常用的向后映射是其逆运算，即

$$[x \quad y \quad 1] = [x' \quad y' \quad 1] \begin{bmatrix} 1 & 0 & 0 \\ 0 & -1 & 0 \\ -\text{left} & \text{top} & 1 \end{bmatrix} \begin{bmatrix} \cos a & \sin a & 0 \\ -\sin a & \cos a & 0 \\ 0 & 0 & 1 \end{bmatrix} \begin{bmatrix} 1 & 0 & 0 \\ 0 & -1 & 0 \\ x_0 & y_0 & 1 \end{bmatrix} \tag{7-9}$$

另外，像素值重新采样本书不阐述。

7.4 视频转换输出

为适配不同的显示终端（设备）输入接口，视频转换（或处理）芯片还需要进行色彩空间转换（CSC）及分量格式的变换（见第 2 章），以输出可选用多种分量格式，如图 7-14 所示。视频分量可直接作为屏显驱动芯片的输入或转换成接口传输（或连接）的 LVDS 信号、DVI 信号及 HDMI 信号等。

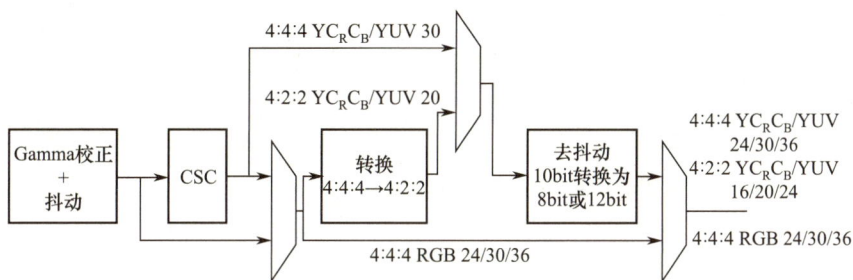

图 7-14　输出框图

7.4.1　输出视频特征

输出视频的数据具有以下功能。

（1）Gamma 校正。

（2）去抖动（12～10bit/12～8bit）。

（3）色彩空间转换（CSC）。

（4）4：4：4 到 4：2：2 的转换。

7.4.2　输出数据图

视频图像处理模块（或芯片）输出像素数据和行同步（HSYNC）、场同步（VSYNC）、屏显时钟（Display Clock）和使能（DEN）信号等，V_{out} 模块的输出格式是 4：2：2。可配置数据输出时序图如图 7-15 所示。

输出视频的并行数据可直接送到显示屏（器），或先通过高速串口传输器转换为高速串口信号，再送到显示屏（端）串口接收器。现应使用最广的 HDMI（High-Definition Multimedia Interface，高清晰度多媒体接口）就是典型的代表。

输出格式	引脚配置
8 bit $YC_BC_R[4:2:2]$ ITU-R BT.656	VODAT 47 … 109 … 2 1 0 All zeros | Y or C_B/C_R[7:0] | 0 0
10 bit $YC_BC_R[4:2:2]$ ITU-R BT.656	VODAT 47 … 109 … 0 All zeros | Y or C_B/C_R[9:0] | 0 0
12 bit $YC_BC_R[4:2:2]$	VODAT 47 … 1211 … 0 All zeros | Y or C_B/C_R[11:0] | 0 0
16 bit $YC_BC_R[4:2:2]$	VODAT 47 … 2019 … 1211 109 … 2 1 0 All zeros | Y[7:0] | 0 0 | C_B/C_R[7:0] | 0 0
20 bit $YC_BC_R[4:2:2]$	VODAT 47 … 2019 … 109 … 2 1 0 All zeros | Y[9:0] | C_B/C_R[9:0]
24 bit $YC_BC_R[4:2:2]$	VODAT 47 … 2423 … 1211 … 0 All zeros | Y[11:0] | C_B/C_R[11:0]
24 bit YC_BC_R or RGB[4:4:4]	VODAT 47 … 3029 … 22212019 … 1211109 … 2 1 0 All zeros | B(or C_B)[7:0] | 0 0 | G(or Y)[7:0] | 0 0 | R(or C_R)[7:0] 0 0
30 bit YC_BC_R or RGB[4:4:4]	VODAT 47 … 3029 … 2019 … 109 … 0 All zeros | B(or C_B)[7:0] | G(or Y)[9:0] | R(or C_R)[9:0]

图 7-15　可配置数据输出时序图

【习题 7】

1. 设计一种依赖显存（VRAM）数据存取地址变换方式，实现隔行转逐行的扫描，要求利用扫描线逐行法。

2. 像点插值运算的距离测算以什么为单位？

3. 假设需要将一幅 5×5 的图像缩小成 3×3，给出一种原图像和目标图像各个像素之间的对应关系式。

4. 请用软件（可用 MATLAB）完成角度可控视频旋转。

5. 视频分量表示位数可以有 8bit、10bit、12bit 等，不同的表示与视频的什么质量相关？

第 8 章　平板显示接口

知识点：

    ◇ 平板显示传输接口功能

    ◇ 接口控制时序及状态转换

    ◇ 视频接口单像素 / 双像素传输

    ◇ HDMI 接口技术

数字平板控制器（Digital Panel Controller，DPC）为介于显示数据源和平板显示设备之间的数字接口，用于维持图像高保真度。数字接口选用 LVDS 接口，使传输的像素信息、同步信号和控制信号使用最少数量的导线，将辐射和电磁干扰造成的损害降低到最小。该接口具有以下功能特性。

（1）输入支持 30bpp（bits per pixel，bpp）RGB 的数据格式。

（2）支持最大输入像素时钟频率高达 165MHz。

（3）支持单 / 双通道 LVDS 发送器连接。

（4）最大分辨率格式。

① 支持最新的 WUXGA（1920 像素 ×1200 像素 @ 85Hz）双模式。

② 支持最新的 SXGA（1280 像素 ×1024 像素 @ 85Hz）单模式。

（5）接口设计也可以支持 120Hz 刷新频率。

（6）支持真彩色（36bpp、30bpp、24bpp）输出。

（7）随机抖动算法从 30bpp 转换到 36bpp。

（8）顺序供电提供平板保护功能。

（9）支持（36bpp、30bpp、24bpp-4：4：4 YC_BC_R 和 4：2：2 bpp、20 bpp、16bpp YC_BC_R）的输出。

（10）支持图像空间转换。

（11）支持 4：4：4 到 4：2：2 的转换。

（12）支持 Gamma 校正。

图像接口控制驱动芯片的总体功能结构如图 8-1 所示。

下面对上述模块结构图进行详细介绍。

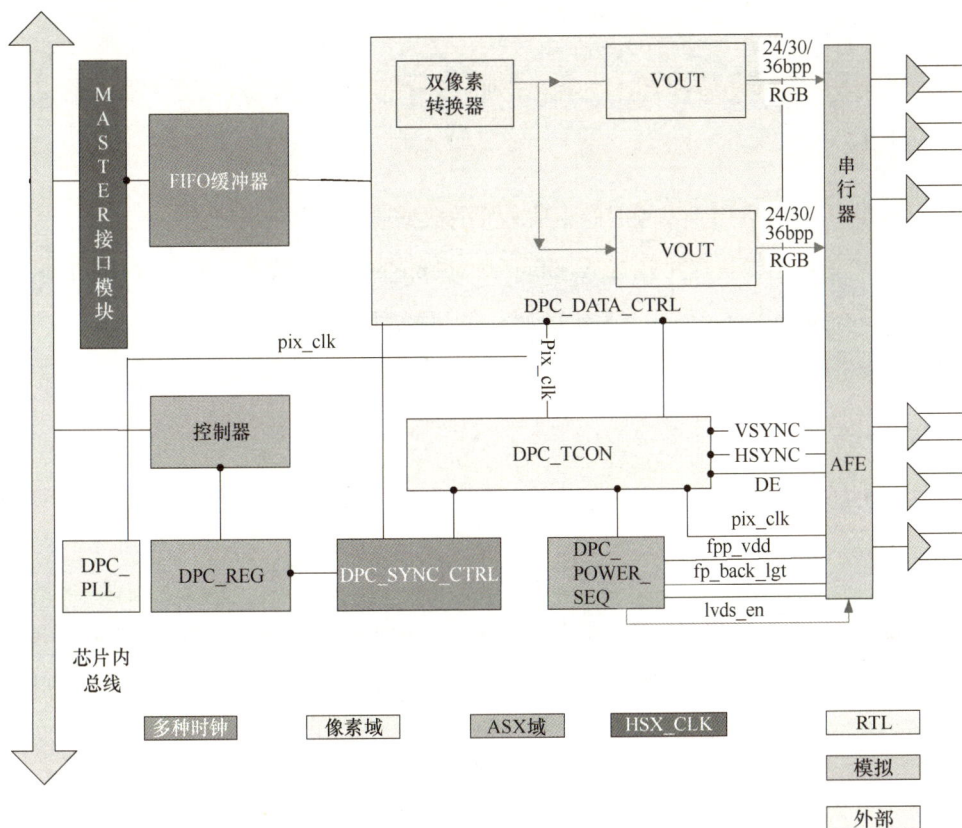

图 8-1　图像接口控制驱动芯片的总体功能结构

1. MASTER 接口模块

MASTER 接口模块与 FIFO 缓冲器相连。MASTER 接口模块接收到外部传送来的数据后，可同时向内存发送多个请求（多达 4 个）。由于内存可以按任意请求顺序提供数据，这时，MASTER 接口模块就可充当 4 个帧缓冲器，这样图像驱动芯片能按照正确的请求顺序得到数据。用软件的方式可以将当前帧和图像尺寸大小等信息的偏移值存放在起始地址。对于每一项请求，内存中的帧缓冲区都可以提取 128 字节的数据。

2. FIFO 缓冲器

FIFO 缓冲器用来缓冲通过 MASTER 接口模块从帧缓冲区中获得的显示数据。在双像素运行模式下，一个像素时钟周期可以从 FIFO 缓冲器中读取两个像素的数据；在单像素运行模式下，一个像素时钟周期只可以从 FIFO 缓冲器中读取一个像素的数据。

3. 控制器

控制器通过对寄存器的读 / 写操作来配置和控制图像驱动芯片的接口。

4. DPC_REG

DPC_REG 为图像驱动芯片的接口，提供控制寄存器、状态寄存器和中断寄存器的相关设置。

5. DPC_DATA_CTRL

DPC_DATA_CTRL 可用于设置图像驱动芯片的数据通道。当启用双像素模式时，选择 RGB 的奇通道。同时，这个模块也可执行从 30bpp 到 36bpp 的去抖动操作。这个模块从时序控制器中读取 FIFO 缓冲器的状态及当前的显示区域，向 MASTER 接口模块产生内存请求信号，为传输下一组数据做准备。

6. DPC_TCON

DPC_TCON 为时序控制模块。

7. DPC_POWER_SEQ

DPC_POWER_SEQ 按顺序执行上电、下电操作，用来保护图像驱动芯片。在确保所有信号被禁用后，图像驱动芯片通过推迟上电操作来实施平板保护。在电压等其他条件不稳定时，通过适当降低电压来保护图像驱动芯片。

8. DPC_SYNC_CTRL

DPC_SYNC_CTRL 的实施需要 FIFO 缓冲器的多时钟、ASX 的总线时钟、像素时钟的同步。

8.1　时序控制模块

时序控制模块产生液晶平板显示器的光栅扫描结构所需的所有时序控制信号。所有的时序控制信号的极性都可以通过对寄存器接口的编程来实现。此模块可以产生以下一系列的控制信号。

8.1.1　行同步

行同步（HSYNC）信号即水平同步信号。这个信号表征了从视频数据新的一行开始到这行视频数据结束的整个扫描过程。根据连接液晶平板显示电路的协议格式，软件程序需要一系列定时参数。使用这些参数，行同步发生器将在每行开始图像扫描时产生行同步信号。行同步发生器会用到以下的定时寄存器参数。

（1）行同步脉冲（HSPW）。

（2）行开始有效（START_ACTIVE_X）。

（3）行结束有效（END_ACTIVE_X）。

（4）行扫描周期（HP）。

行同步时序图如图 8-2 所示。

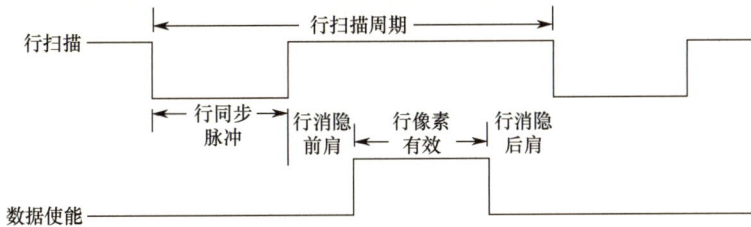

图 8-2　行同步时序图

由图 8-2 可知，时间参数有以下定义。

行扫描周期（HP）＝ 行同步脉冲（HSPW）＋ 行消隐前肩（Thbp）＋ 行像素有效（HA）＋ 行消隐后肩（Thfp）

行开始有效（START_ACTIVE_X）＝ 行同步脉冲（HSPW）＋ 行消隐前肩（Thbp）＋ 行像素有效（HA）

行结束有效（END_ACTIVE_X）＝ 行开始有效（START_ACTIVE_X）＋ 行像素有效（HA）

当行同步信号有效时，将按如图 8-3 所示的状态转换图产生与定时信号相关的行同步信号。产生时钟信号的时序控制器可以用软件编程来控制，并且将同时产生一个自由运行的时序横向扫描计数器。图 8-3 为行同步状态转换图。

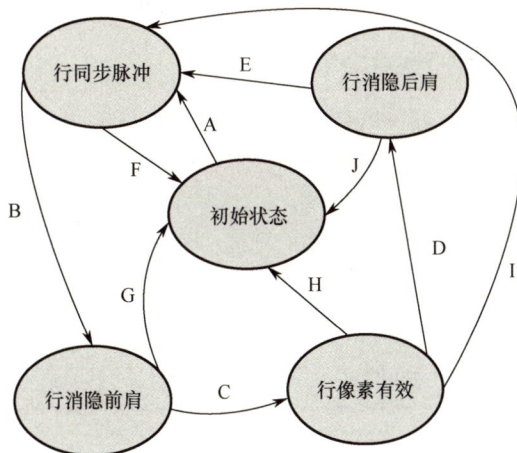

图 8-3　行同步状态转换图

图 8-3 具体说明了行扫描信号的时序问题。从状态转换图可知，行扫描的最初状态为 H_IDLE。当水平同步脉冲（HSPW）的下降沿来临时，行扫描信号开始使能。在 HSPW 这个时间

段中，确定具体扫描哪一行，直至 HSPW 的上升沿来临，需要扫描的行被确定。而当 HSPW 上升沿来临时，进行图像扫描，但由于这时的 DE 信号仍然为低电平，因此这时扫描的并不是实际显示图像的像素点，而是一些使图像边缘保持平滑的 0 像素点，直到 DE 跳变为高电平才开始扫描可见图像点，从 HSPW 上升沿来临到 DE 跳变为高电平这一区间叫作行消隐前肩。而 DE 为高电平的这一区间 HA 为行有效像素，即扫描可见像素的区间。当 DE 从高电平跳变到低电平后，再到下一个 HSPW 上升沿来临时的这段区间叫作行消隐后肩，它的作用与行消隐前肩相似，都是通过扫描一些无效像素来保持显示图像的边缘光滑。因此行消隐前肩与行消隐后肩是对称的，这样就完成了一个行扫描周期。从图 8-3 还可以看到，每个状态都由箭头直接指向初始状态，这样会起到自保护作用。即当行扫描运行到某个状态出现问题时，便会自己恢复到初始状态并重新开始行扫描周期。

行同步状态转换说明表如表 8-1 所示。

表 8-1　行同步状态转换说明表

状态名称	说明
初始状态	只要平板控制器禁用或进行了复位操作，状态机就一直保持在这个状态。当平板控制器启用或未进行复位操作时，状态由 H_IDLE 转换为 H_SYNC。这个状态转换将初始化行扫描计数器
行同步脉冲	在这个状态下，行同步脉冲将会产生。它将一直保持这个状态直到计数器达到 HSPW 事先设定好的值。当 HSPW 计数操作完成后，状态由 H_SYNC 转换为 H_BACKPORCH。状态转换结束后，计数器将清零。当平板控制器被禁用或进行了复位操作时，状态由 H_SYNC 转换为 H_IDLE
行消隐前肩	在这个状态下，后沿时序将会产生。当水平时序计数器达到 START_ACTIVE_X 事先设定好的值时，状态由 H_BACKPORCH 转换为 H_ACTIVE。当平板控制器被禁用或进行了复位操作时，状态由 H_BACKPORCH 转换为 H_IDLE
行像素有效	在这个状态下，水平作用域将会产生。当计数器的值达到 END_ACTIVE_X 事先设定好的值时，状态由 H_ACTIVE 转换为 H_FRONTPORCH。如果在任何情况下，HFP 的时间值均为 0，那么状态由 H_ACTIVE 转换为 H_SYNC 时，它会跳转到 H_FRONTPORCH 状态。当平板控制器被禁用或进行了复位操作时，状态由 H_ACTIVE 转换为 H_IDLE
行消隐后肩	在这个状态下，前沿时序将会产生。当计数器的值达到 HTOTAL 事先设定好的值时，状态由 H_FRONTPORCH 转换为 H_SYNC。当平板控制器被禁用或进行了复位操作时，状态由 H_FRONTPORCH 转换为 H_IDLE

8.1.2　场同步

场同步（VSYNC）信号即垂直同步信号。这个信号展示了从新的一帧视频数据列的开始到这列视频数据结束的扫描过程。根据连接液晶平板显示电路的协议格式，软件程序需要一系列定时参数。使用这些参数，场同步发生器将在每幅图像的第一行开始时产生场同步信号。场同步发生器将会用到以下寄存器参数。注意：场同步计数器应该被设计成用来计算行数。

（1）场同步脉冲（VSPW）。

（2）场开始有效（START_ACTIVE_Y）。

（3）场结束有效（END_ACTIVE_Y）。

（4）垂直周期（VTOTAL）。

场同步时序图如图 8-4 所示。从图 8-4 可知，时间参数有以下定义。

场扫描周期（HP）= 场同步脉冲（VSPW）+ 场消隐前肩（Tvbp）+ 场像素有效（VA）+ 场消隐后肩（Tvfp）

场开始有效（START_ACTIVE_Y）= 场同步脉冲（VSPW）+ 场消隐前肩（Tvbp）+ 场像素有效（VA）

场结束有效（END_ACTIVE_Y）= 场开始有效（START_ACTIVE_Y）+ 场像素有效（VA）

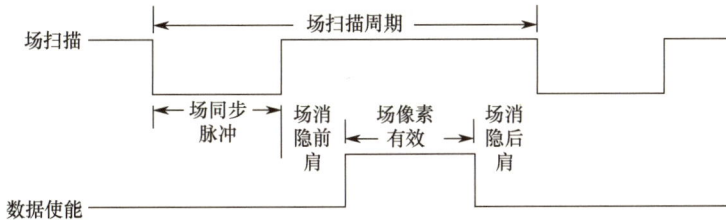

图 8-4　场同步时序图

图 8-5 所示为场同步状态转换图。

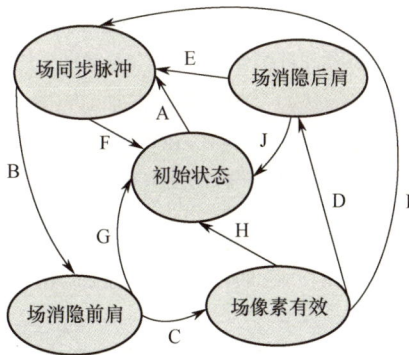

图 8-5　场同步状态转换图

图 8-5 具体说明了场扫描信号的时序问题。从图 8-5 可知，场扫描信号的最初状态为 V_IDLE 这一初始状态，当场同步脉冲（VSPW）的下降沿来临时，场扫描信号开始使能，在 VSPW 这个时间段中，确定具体扫描哪一列，直至 VSPW 的上升沿来临，需要扫描的列被确定。

而当 VSPW 上升沿来临时，进行图像扫描。但由于这时的 DE 信号仍然为低电平，因此这时扫描的并不是实际显示的图像像素点，而是一些使图像边缘保持平滑的 0 像素点，直至 DE 跳变为高电平才开始扫描可见图像点，从 VSPW 上升沿来临到 DE 跳变为高电平这一区间叫作场消隐前肩。而 DE 为高电平的这一区间 VA 为场像素有效，即扫描可见像素的区间。当 DE 从高电平跳变到低电平后，再到下一个 VSPW 上升沿来临之时的这段区间叫作场消隐后肩，它的作用与场消隐前肩相似，都是通过扫描一些无效像素点来保持显示图像的边缘光滑。因此场消隐前肩与场消隐后肩是对称的，这样就完成了一个场扫描周期。从图 8-5 还可以看到，每个状态都有箭头直接指向初始状态，它起到的是自保护作用，当场扫描运行到某个状态出现问题时，便会自己恢复到初始状态并重新开始场扫描周期。

场同步状态转换说明表如表 8-2 所示。

表 8-2　场同步状态转换说明表

状态名称	说　明
初始状态	只要平板控制器禁用或进行了复位操作，状态机就一直保持在这个状态。当平板控制器启用或未进行复位操作时，状态由 V_IDLE 转换为 V_SYNCH。这个状态转换将初始化水平时序计数器
场同步脉冲	在这个状态下，场同步脉冲将会产生。状态机一直保持这个状态直至计数器达到 VSPW 事先设定好的值。当 VSPW 计数操作完成后，状态由 V_SYNC 转换为 V_BACKPORCH。状态转换结束后，计数器将清零。当平板控制器被禁用或进行了复位操作时，状态由 V_SYNC 转换为 V_IDLE
场消隐前肩	在这个状态下，后沿时序将会产生。当水平时序计数器达到 START_ACTIVE_Y 事先设定好的值时，状态由 V_BACKPORCH 转换为 V_ACTIVE。当平板控制器被禁用或进行了复位操作时，状态由 V_BACKPORCH 转换为 V_IDLE
场像素有效	在这种状态下，垂直作用域将会产生。当计数器的值达到 END_ACTIVE_Y 事先设定好的值时，状态由 V_ACTIVE 转换为 V_FRONTPORCH。在任何情况下，VFP 时间值为 0，状态由 V_ACTIVE 转换为 V_SYNC，然后跳到 V_FRONTPORCH 状态。当平板控制器被禁用或进行了复位操作时，状态由 V_ACTIVE 转换为 V_IDLE
场消隐后肩	在这种状态下，前沿时序将会产生。当计数器的值达到 HTOTAL 事先设定好的值时，状态由 V_FRONTPORCH 转换为 V_SYNC。当平板控制器被禁用或进行了复位操作时，状态由 V_FRONTPORCH 转换为 V_IDLE

行扫描和场扫描是同时进行的，经行扫描和场扫描之后，显示器上便清晰地显示出所需画面。图 8-6 为行同步、场同步及数据使能的相互关系。

行时钟计数器的值随每行中像素的增加而增加，而场时钟计数器的值却随行数的增加而增加。

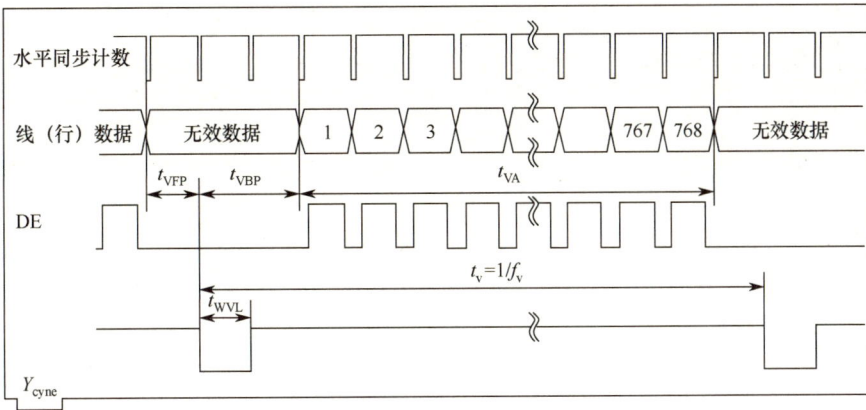

图 8-6　行同步、场同步及数据使能的相互关系

8.2　数字平板视频信号传输

本节主要实现视频格式、同步关系及各种传输格式的支持。

8.2.1　双像素转换器

1. 输入数据格式

双像素转换器能够通过软件编程的方式来支持更高分辨率的格式，在单 LVDS 通道中，其所需的像素率超过 165MHz。它允许设计运作非常高分辨率的格式。

双像素转换器将从 FIFO 缓冲器中读取的双像素数据分隔到两个通道中，奇数、偶数通道分别编号奇数、偶数像素。奇数通道的第一位编号为 1，该通道全为奇数。偶数通道的第一位编号为 2，该通道全为偶数。双像素转换器时序图如图 8-7 所示。当双像素模式被禁用时，只有一个通道能用。

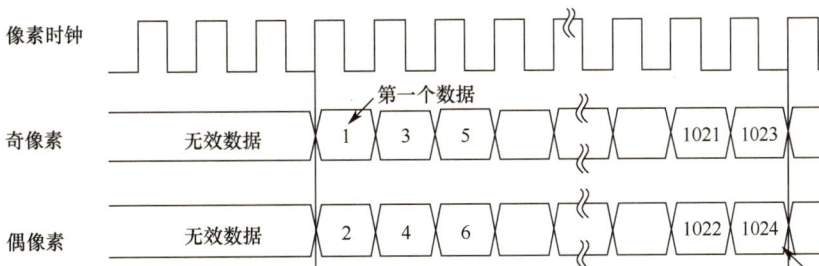

图 8-7　双像素转换器时序图

2. 读出数据格式

系统内存数据格式如图 8-8 所示。

31	30	29		20	19		10	9		0
0	0	BULE(or C_B)			GREEN(or Y)			RED(or C_R)		

4：4：4 30bit Format

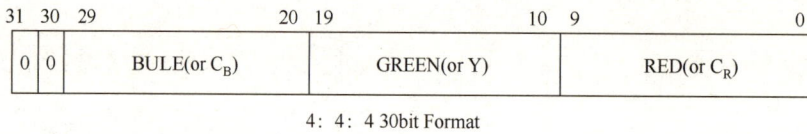

图 8-8　系统内存数据格式

FIFO 缓冲器读数据是 64bit 宽的输入数据。这意味着在每个像素时钟，30bpp 双像素可以从 FIFO 缓冲器读取。图 8-9 为从 FIFO 缓冲器读取的数据包装格式。

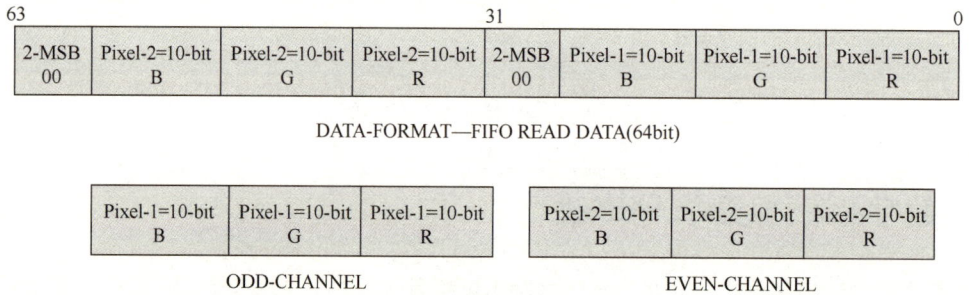

63					31				0
2-MSB 00	Pixel-2=10-bit B	Pixel-2=10-bit G	Pixel-2=10-bit R	2-MSB 00	Pixel-1=10-bit B	Pixel-1=10-bit G	Pixel-1=10-bit R

DATA-FORMAT—FIFO READ DATA(64bit)

Pixel-1=10-bit B	Pixel-1=10-bit G	Pixel-1=10-bit R

ODD-CHANNEL

Pixel-2=10-bit B	Pixel-2=10-bit G	Pixel-2=10-bit R

EVEN-CHANNEL

图 8-9　从 FIFO 缓冲器读取的数据包装格式

8.2.2　双像素模式

双像素模式能够通过软件启用。在这种模式下，双像素转换需要每个像素时钟产生读请求，并且将读取数据分在两个通道进行传输。

在启用双像素模式时，双像素转换器将从 FIFO 缓冲器中读取的双像素的数据打包到两个通道中。

图 8-10 为双像素模式运行时序图。

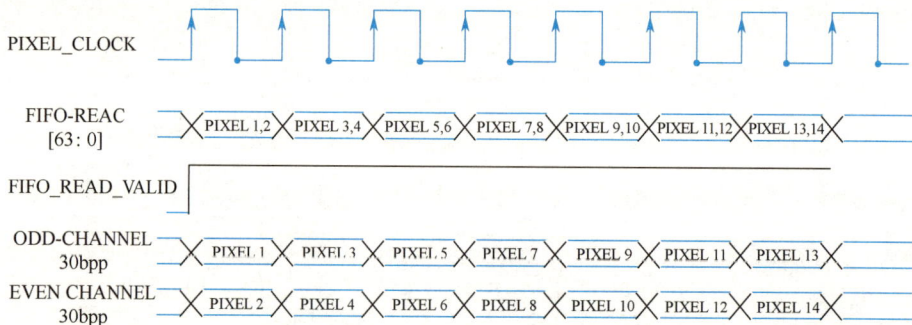

图 8-10　双像素模式运行时序图

图 8-10 中，在每个时钟周期 FIFO 缓冲器数据读取应该是有效的，每个像素时钟和双像素块将被解压转换。在每个模块中，将 FIFO 缓冲器读取的两个像素分成两个独立的通道。第一个

像素被视为是奇数像素，而紧随的另一个像素将被视为偶数像素。

8.2.3　单像素模式

当像素在一个通道中传输时，单像素转换应在每两个像素时钟后进行 FIFO 缓冲器读操作，这样造成在单像素模式运行时数据传输速率降低一半。单像素模式运行时序图如图 8-11 所示。

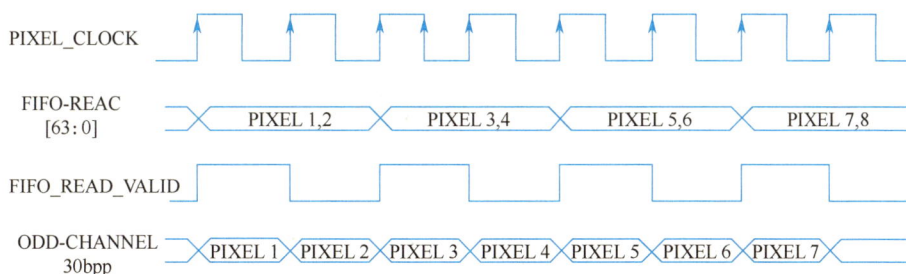

图 8-11　单像素模式运行时序图

在单像素运行模式中，其中一个通道（偶数通道）闲置，那么 LVDS 驱动器就会被禁用。在 DPC 控制寄存器中，LVDS_DISABLE_OUTPUT_STATE 位定义了高阻抗或低电平来驱动单像素模式通道。

8.3　HDMI 技术

视频图像主处理设备与平板显示的连接大多采用高速串行接口，高速串行接口有 DVI、HDMI 等接口，此处以 HDMI 为主进行介绍。

8.3.1　HDMI 概述

HDMI 的传输标准由日立、松下、飞利浦、Silicon Image、索尼、汤姆逊、东芝 7 家公司于 2002 年 4 月发起制定，并于 2006 年发布了 HDMI 1.3 标准。

HDMI 的应用范围很广，涉及的领域包括：PC 显示器、PC 显卡、高清投影设备、数字电视、DVD 影碟机、硬盘录像机、AV 影音中心、游戏设备，以及 PMC（Personal Media Center，个人媒体中心）、DV 摄像机等。HDMI 可以提供高达 5Gbit/s 的数据传输带宽，可以达到影音信号的高质量传送。

整个 HDMI 系统由信号发送端（Transmitter）和接收端（Receiver）对称连接组成；发送端在视频处理器的输出设备（如 Top Box），接收端在屏幕显示端（如电视接收机或投影仪）。HDMI 结构框图如图 8-12 所示。

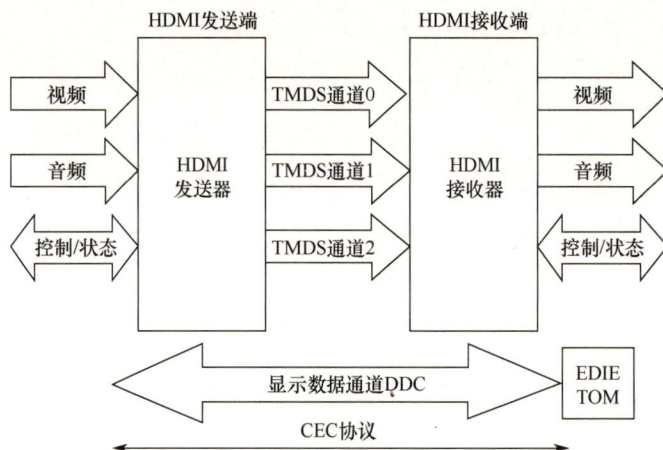

图 8-12　HDMI 结构框图

这些装置上的每个 HDMI 输入都必须遵循所有 HDMI 接收器的规范标准。HDMI 电缆和连接器带有 4 个差分对组成的 TMDS 数据和时钟，这些通道用来传输视频、音频和辅助数据。此外，HDMI 还有一个 VESA DDC（Display Data Channel，显示数据通道），DDC 用于单个源端和接收器之间进行配置和状态信息的交换。还有可选择的 CEC（Consumer Electronics Control，消费电子控制）协议，提供用户环境中的所有不同视听设备之间的高级控制功能。

音频、视频和辅助数据通过 3 条 TMDS 数据通道传送。视频像素时钟在 TMDS 时钟通道上传送，作为接收器 3 条 TMDS 数据通道上数据恢复的时钟参考。视频数据以 24bit 像素在这 3 条 TMDS 数据通道上传送。TMDS 编码先把每条通道的 8bit 转化为 10bit 直流平衡（DC-balanced）的最小化转化序列，然后在像素时钟周期内连续发送 10bit 数据。

为了使音频和辅助数据通过 TMDS 通道，HDMI 使用数据包结构。为了达到音频和控制数据的高可靠性要求，用 BCH 对这些数据进行错误纠正和编码保护，并且使用特殊的错误压缩译码来产生被传送的 10bit 数据。

基本音频功能是传送采样频率为 32kHz、44.1kHz 或 48kHz 的 IEC60958L-PCM 音频流，这可以满足任何正常的立体声要求。另外，HDMI 可以传送一种单独的采样频率高达 192kHz 的音频流，或者 2~4 个采样频率高达 96kHz 的音频流（3~8 音频通道）；HDMI 也可以传送 IEC661937（如环绕立体声）、采样频率高达 192kHz 的压缩音频流；HDMI 还可以传送 2~8 通道位元音频。

信号源使用 DDC 读取接收的增强扩展显示器识别数据（Enhanced Extended Display Identification Data，E-EDID），以便获取接收器的结构和性能信息。

HDMI 系统由数字信号编码、数字通信、信号解码三部分构成。

HDMI 源端先将视频、音频和辅助数据（如行、场同步信号）送入 HDMI 的编码发送芯片，进行数字信号编码；然后通过 3 条 TMDS 数据通道和 1 条 TMDS 时钟通道将信号送到接收端。接收端的 HDMI 解码芯片进行数据解码，将音、视频信号还原并送到数字显示终端。每条 TMDS 通道可以传输 8bit 有效数据，3 条 TMDS 通道可以同时传输 24bit 有效数据。因此对视频而言，每个像素最高可以用 24bit 表示，像素点的传输速率最高可以达到 165bit/s。因此 TMDS 通道可以传输高清晰度的图像。音频数据也通过 TMDS 通道传输，最高采样频率可以达到 192kHz。

（1）DDC 连接发送设备和显示终端，发送设备通过 DDC 与显示终端通信，通过对接收设备内部 E-EDID 数据的访问，发送设备可以获得接收器终端的相关参数信息，如最高清晰度等，自动配置相应的传输格式。

（2）CEC 是为用户设置的高级 HDMI 设备控制线。它遵循 CEC 用户控制协议，可以实现单键播放、单键刻录及刻录时间控制等操作。CEC 在 HDMI 中是可选配的。

HDMI 增加了热插拔的检测功能，实现了真正意义上的即插即用。HDMI 规范真正将未压缩数字视频信号与多声道数字音频信号的传输整合到一个单一且带有 HDCP 安全机制的数字接口上，为数字音、视频内容存取传输提供了保护。因此，HDMI 的推出，一方面为消费类数字音频、视频播放设备提供了高质量的视听体验，而且与接收显示设备制造商对实施高效、快速、几乎无损耗的数字音频、视频信号传输提供了最好的解决方案；另一方面可用一根传输电缆和 5Gbit/s 的传输速率同时传输高清晰度视频信号，并且数字音频信号多达 8 个声道。HDCP 规范的 HDMI 标准得到了全世界相关行业的认可，目前已成为 FPD、HDMI 电视接收机和数字家庭影院的首选配置。

8.3.2 HDMI 物理层

TMDS 通道可传输快速信号，受到的干扰小；适合接口集成及高速信号的传输，功耗小。HDMI 正是利用其信号传输优势进行高清媒体数据传输的。

1. TMDS 信号

转换最小化差分信号（Transition Minimized Differential Signaling，TMDS）也被称为传输最小化差分信号，这种编码转换方法使信号受传输线的电磁干扰减少，能提高信号传输速率和可靠性。

TMDS 技术中差分信号共模偏置电压为 +3.3V，端口阻抗为 50Ω，额定幅度转换为 500mV（+2.8～+3.3V），电压摆幅可以在 150～800mV 之间变化。信号的上升时间约为 100ps。TMDS 作为电平的标准，被应用于发送数字视频接口（DVI）及高清晰度多媒体接口（HDMI）的数据。其设计考虑因素：对内偏斜（Intra-pair Skew），在给定的一对差分信号上，真（True）信号及其互补信号之间的时间差应尽可能小。

TMDS 包括 3 条 RGB 数据通道和 1 条时钟通道，共计 4 条通道（称为 1 个 TMDS 连接或 Single-link）的传输回路。

每条通道提供 165MHz 带宽，1 个 10bit 的 TMDS 传输速率为 1.65Gbit/s，3 条 TMDS 通道的传输速率为 4.95Gbit/s。如果是 Dual-1ink 连接，带宽可达 330MHz，传输速率可达 9.9Gbit/s，支持 1600×1200@85Hz 的 UXGA 图像或 2048×1536@75Hz 的 QXGA 图像，以及 720p、1080i、1080p 的 HDTV 视频信号的无压缩实时传输。

发送器将音频、视频信号分别变换并合成为接收器可接收的信号格式。先经过 HDCP 加密及 TMDS 编码处理后，再进行并行音、视频等数据行的串行化处理，以最小化差分信号形式进行传输。接收端的数据处理与发送端的顺序相反。

搭载 HDCP 的发送和接收设备之间也利用 DDC 线进行密码键的认证。这是一个使用了硬件 ID 的加密系统，发送方和接收方以一定时间间隔相互认证并进行传输。如果 HDMI 搭载了认证不成立的图像和音频信号，则传输立即被中断，从而进行内容保护。

TMDS 的差分电流源利用直流耦合的差分电缆对，终端的匹配电阻 R_T 将数据传递给接收端，链路的参考电压 AVcc 用来建立差分信号的高电平，驱动器的电流源和终端匹配电阻用来确定差分信号的低电平。在 TMDS 差分信号驱动器和接收器电路中，TMDS 链路接口系统的极限工作参数和正常工作参数分别如表 8-3 和表 8-4 所示。

表 8-3　TMDS 链路接口系统的极限工作参数

项目	取值
终端供电电压 AVcc	4.0V
信号线上的信号电压	−0.5～−4.0V
差分电缆上的共模电压	−0.5～−4.0V
差分电缆上的差分电压	±3.3V
终端电阻取值	0Ω 到终端开路
存储温度	−40℃～150℃

表 8-4　TMDS 链路接口系统的正常工作参数

项目	取值
终端供电电压 AVcc	3.3V，±5%
终端电阻取值	50Ω，±10%
工作温度范围	0℃～70℃

如图 8-13 所示，TMDS 接头技术采用电流驱动连接到接收端的低压差分信号直流耦合传输线上。AVcc 确定差分信号的高电平，而低电平由 HDMI 源的电流源和接收端的端接电阻确定。端接电阻和电缆特性阻抗（Z_0）必须匹配。

信号测试点的 TMDS 连线如图 8-14 所示。TP1 用于测试 HDMI 源和传送件部分，TP2 用于测试 HDMI 接收端。TP1 和 TP2 一起测试线缆。

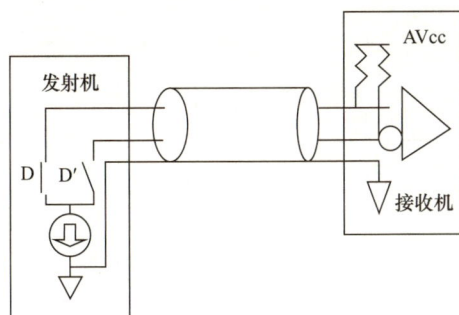

图 8-13　TMDS 接头差分对

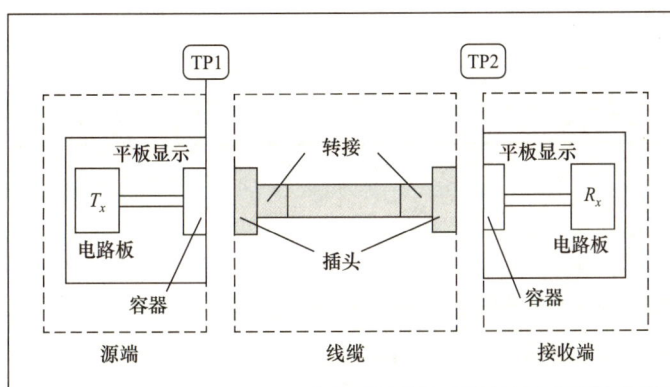

图 8-14　信号测试点的 TMDS 连线

2. HMDI 源端特征

按照目前已经正式发布的 CTS 1.2a 规范，对于源端，需要对三类信号进行电气特性一致性测试，即时钟—数据信号、数据—数据信号、单端信号。

3. HDMI 接收端 TMDS 特征

接口处电气测试应用的测试信号发生器如图 8-15 所示。

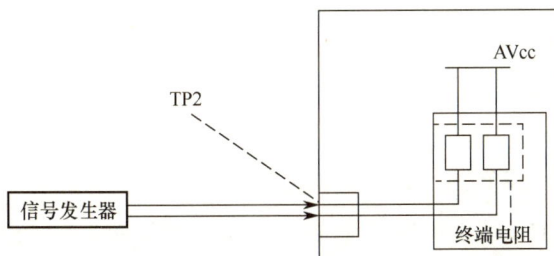

图 8-15　接口处电气测试应用的测试信号发生器

TMDS 接收器的交流特性参数和直流特性参数分别如表 8-5 和表 8-6 所示。

表 8-5　TMDS 接收器的交流特性参数

项目	取值
最小输入差分电压（峰到峰值）	150mV
最大输入差分电压（峰到峰值）	1560mV
接收端连接器处差分对内摆动，最大值	0.4Tbit
接收端连接器处交互差分对摆动，最大值	0.6Tpixel

表 8-6　TMDS 接收器的直流特性参数

项目	取值
输入差分电压，V_{idiff}	150mV $\leqslant V_{\text{idiff}} \leqslant$ 1200mV
输入共模电压，V_{icm}	（AVcc～300mV）$\leqslant V_{\text{icm}} \leqslant$（AVcc～37mV）
发送器关闭或未连接时	AVcc $\pm$ 10mV

8.3.3　引脚定义和电气性能

HDMI 根据信号特征及不同的插接要求，有 A 型和 B 型两种接口。考虑到数据传输速率高、数据错误率低的要求，一定要按照规范对 HDMI 引脚进行有效的排列和屏蔽处理。

1. 引脚定义

HDMI 有 19 针的 A 型接口和 29 针的 B 型接口。19 针 "Type A" A 型接口采用单 TMDS 连接，可以传输 25～165MHz 的视频信号。A 型接口因尺寸小而应用普遍。对于高于 165MHz 的视频信号，HDMI 则采用双 TMDS 的 29 针 B 型接口。

HDMI 的 "Type A" 就是单一连接专用的接口，总共 19 个信号引脚，如表 8-7 所示。该接口能传送的像素（Pixel）或像素速率最高可达 165MPixel/sec，也就是视频带宽为 165MHz，每个像素可以用 24bit 来展现。"Type B" 用于双连接，视频频宽为 330MHz，连接引脚数达到了 29 针，如表 8-8 所示。该接口的体积较大，市面上非常少见；除非是分辨率高于 1920 像素 × 1080 像素或是高度 3D 的应用需求，否则无此必要。

2. +5V 电源信号

HDMI 连接器的一个引脚提供 5V 电压给电缆和接收端。过流保护电流不超过 0.5A。TP1 端电压值应为 4.8～5.3V；TP2 端电压值应为 4.7～5.3V。所有 HDMI 的 5V 电源引脚最低能提供 55mA 电流。

表 8-7   A 型接口

引脚	信号类型定义	引脚	信号类型定义
1	TMDS 数据 2+	11	TMDS 时钟信号屏蔽线
2	TMDS 数据 2 屏蔽线	12	TMDS 时钟信号 −
3	TMDS 数据 2	13	CEC
4	TMDS 数据 1+	14	保留引脚（如探测设备是否正在运行）
5	TMDS 数据 1 屏蔽线	15	SCL
6	TMDS 数据 1−	16	SDA
7	TMDS 数据 0+	17	DDC/CEC 接地
8	TMDS 数据 0 屏蔽线	18	+5V
9	TMDS 数据 0−	19	热插拔监测
10	TMDS 时钟信号 +	—	—

表 8-8   B 型接口

引脚	信号类型定义	引脚	信号类型定义
1	TMDS 数据 2+	16	TMDS 数据 4+
2	TMDS 数据 2 屏蔽线	17	TMDS 数据 4 屏蔽线
3	TMDS 数据 2−	18	TMDS 数据 4−
4	TMDS 数据 1+	19	TMDS 数据 3+
5	TMDS 数据 1 屏蔽线	20	TMDS 数据 3 屏蔽线
6	TMDS 数据 1−	21	TMDS 数据 3−
7	TMDS 数据 0+	22	CEC
8	TMDS 数据 0 屏蔽线	23	保留引脚（如探测设备是否正在运行）
9	TMDS 数据 0−	24	保留引脚（如探测设备是否正在运行）
10	TMDS 时钟信号 +	25	SCL
11	TMDS 时钟信号屏蔽线	26	SDA
12	TMDS 时钟信号 −	27	DDC/CEC 接地
13	TMDS 数据 5+	28	+5V
14	TMDS 数据 5 屏蔽线	29	热插拔监测
15	TMDS 数据 5−	—	—

8.3.4 信号和编码

因为数字视频数据源的色彩深度各异，传输过程又需要考虑直流平衡，所以在传输通道上要对信号进行编码。常用的有 8/10 位编码方式。

1. 连接的体系结构

如图 8-16 所示，HDMI 连接包含 3 条 TMDS 数据通道和 1 条 TMDS 时钟通道，这条时钟通道在传送视频像素时会持续不断地运行。在 TMDS 通道的每个周期里，3 条 TMDS 数据通道中的每条都传送 10bit 的数据，10bit 的数据需要编解码。

信号源编码逻辑的输入数据流包括视频像素、数据包和控制数据。数据包由音频数据、辅助数据及纠错码组成。通过不同的处理方式将这些数据提供给 TMDS 编码器；每条 TMDS 通道包含 2 位同步控制数据、4 位控制数据包和 8 位视频数据。信号源在任意给定的时钟周期内编码这些数据类型中的一种，或者编码一个防护带字符。

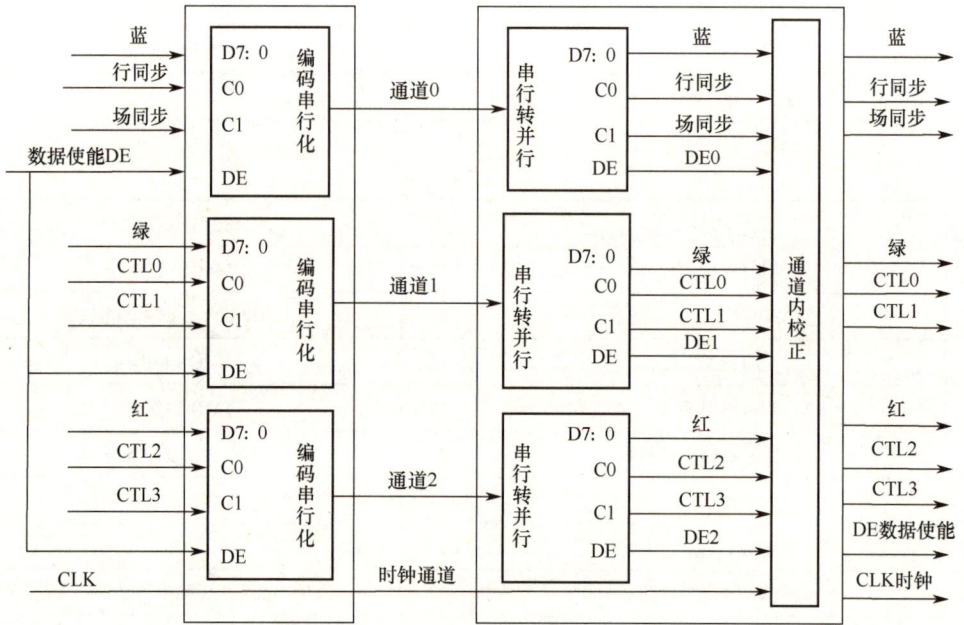

图 8-16　HDMI 编解码器结构图

2. HDMI 连接的操作模式

HDMI 连接的操作模式如下。

（1）视频数据周期。

（2）数据包周期。

（3）控制周期。

在视频数据周期内，传送有效像素数据；在数据包周期内，传送音频和辅助数据包；在没有前面数据传送的情况下，控制周期才会出现。

信号举例：720×480p 视频帧的 TMDS 周期如图 8-17 所示。

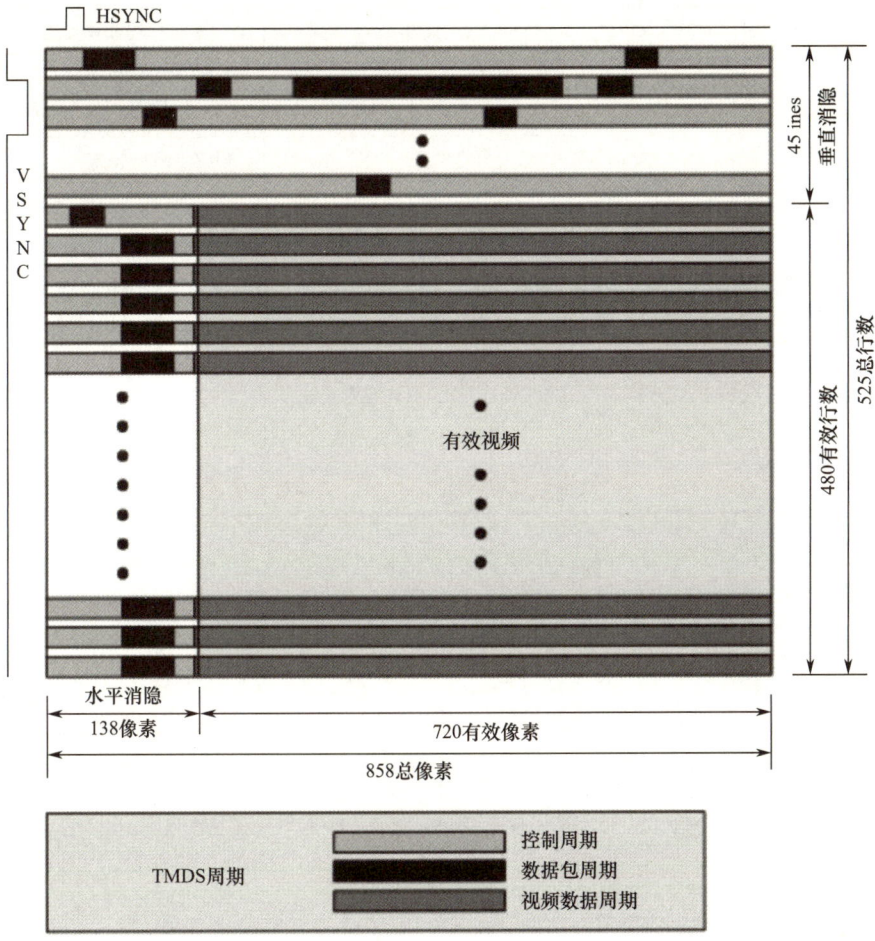

图 8-17　720×480p 视频帧的 TMDS 周期

视频数据 TMDS 去编码每条通道 8bit 数据，每像素 24bit 数据。像素时钟周期用一种类似转换最小化编码的方法，即 TMDS 压缩编码（TERC4）的方法。

控制周期用转换最小化编码的方法，被编码成每条通道 2bit 数据，或者说每像素周期编码 6bit 数据。这 6bit 就是 HSYNC、VSYNC、CTL0、CTL1、CTL2 和 CTL3。在每个控制周期快结束时，发出一组由这几个 CTL_x 位构成的控制数据，用来指示下一个控制周期是视频数据周期还是像素时钟周期。

每个视频数据周期和像素时钟周期都是以一个保护字开始的，这样设计是为了提供一个从控制周期到数据周期的转换的可靠判断。这个保护字由两个指定的字符组成。

像素时钟周期还有一个结尾保护字的保护，设计目的是提供一个控制周期转换的可靠判断。

表 8-9 展示了每种操作模式使用的编码类型和传送的数据。

表 8-9 编码类型和传送的数据

周期	传送的数据	编码类型
视频数据	视频像素	视频数据编码 （8bit 转换成 10bit）
	（保护字）	（固定的 10bit 模式）
数据包	包数据 － 音频采样 － 信息帧 － HSYNC，VSYNC	TERC 编码 （4bit 转换成 10bit）
	（保护字）	固定的 10bit 模式
控制	控制 － 导言 － HSYNC，VSYNC	控制周期编码 （2bit 转换成 10bit）

8.3.5 控制和配置

HDMI 包括 3 个独立的通信渠道：TMDS 接头、DDC 和可选的 CEC。TMDS 用来传输所有音频和视频数据及辅助数据，包括激活音频、视频数据流的 AVI 及音频信息帧。DDC 的通道是 HDMI 源端通过读取 E-EDID 数据结构以获取接收端能力和特点的通道。HDMI 源端期望读取 E-EDID 数据后传送接收端支持的音频和视频数据，HDMI 接收端根据检测到的信息帧正确处理音频和视频数据。

CEC 通道适用于更高级别的用户功能，如自动安装任务或红外遥控器。

1. 信息帧

HDMI 提供的信息帧是限于 30 字节加上校验字节。HDMI 源端要求用 AVI 帧和音频信息帧，其他在 CEA-861-D 中定义的信息帧是可选的。CEA-861-D 中有所有信息帧的详细描述。下面介绍两个信息帧放在信息帧包结构中的情况及 HDMI 与 CEA-861-D 定义的不同地方。

2. AVI（辅助视频信息）帧

当前视频流各方面的情况在 HDMI 源端和接收端的 AVI 帧中都有定义。在下列情况源端应至少每两场视频传送一次辅助信息帧。

（1）总是能够传送 AVI 帧。

（2）或总是能够传送 YC_BC_R 像素编码。

（3）或总是能够传输任何允许像素复用的视频格式。

HDMI-LLC 商标标识数据块如表 8-10 所示。

表 8-10 HDMI-LLC 商标标识数据块

字节	7	6	5	4	3	2	1	0
0	供应商特定标记代码（=3）						长度 N	
1	24 位的 IEEE 注册标识符（0x000C03）							
2								
3								
4	A				B			
5	C				D			
6	Supports_AI	DC_48bit	DC_36bit	DC_30bit	DC_Y444	Rsvd（0）	Rsvd（0）	DVI_Dual
7	Max_TMDS_Clock							
8	Latency_Fields_Present	I_Latency_Fields_Present	Rsvd（0）	Rsvd（0）	Rsvd（0）	Rsvd（0）	Rsvd（0）	Rsvd（0）
9	Video_Latency							
10	Audio_Latency							
11	Interlaced_Video_Latency							
12	Interlaced_Audio_Latency							
9,11 或 13…N*	Reserved（0）**							

* 这些字节的位置将取决于 Latency_Fields_Present 和 I_Latency_Fields_Present 的值。

** 当不是必要的额外字节时，应为零。

A、B、C、D：每个 4 位，表示源端物理地址。

Supports_AI：1 位，如果接收端支持包 ACP、ISRC1 或 ISRC2 中信息的至少一项功能，则设为 1；如果 Supports_AI 设置 1，无论规范中的保留字区域中非零值是什么，则接收端都会接收和处理任何 ACP、ISRC1 或 ISRC2 包。如果接收端不支持 ACP、ISRC1 或 ISRC2 包，则 Supports_AI 应明确（=0）。

DC_30bit：1 位，接收端支持 30 位 / 像素（10 位 / 色）的设置。

DC_36bit：1 位，接收端支持 36 位 / 像素（12 位 / 色）的设置。

DC_48bit：1 位，接收端支持 48 位 / 像素（16 位 / 色）的设置。

DC_Y444：1 位，接收端支持 YC_BC_R 4∶4∶4 的深色模式的设置。

上面 3 个 DC_××bit 只表明支持的 RGB 4∶4∶4 像素大小。支持 YC_BC_R 4∶4∶4 的深色模式用的是 DC_Y444 位。如果对 DC_Y444 位进行相应的设置，则 YC_BC_R 4∶4∶4 支持 DC_××bit 所指明的所有模式。这就提供了接收端在支持 RGB 深色模式的同时支持 YC_BC_R 标准色彩深度

（24bit/pixel）的格式的灵活性。

DVI_Dual：1 位，接收端支持的 DVI 双连接操作的设置。

Max_TMDS_Clock：1 位，表示支持 TMDS 的最高时钟频率。如果支持 TMDS 的时钟频率超过 165MHz 或支持深色模式及 DVI 双连接，则寄存器域值应正确设置成非零值；如果这一域值为 0，则表示没有时钟频率被指明。

接收端的 Max_TMDS_Clock 域可设置成最高色彩深度的最高像素时钟所对应的 TMDS 时钟频率以下的值。这样，接收端以低的分辨率方式支持色彩深度高的格式数据。

Latency_Fields_Present：1 位，如果将其设置为 1，则存在 Video_Latency 和 Audio_Latency 两个域；否则，在 HDMI VSDB 中这两个域就不存在。

I_Latency_Fields_Present：1 位，如果将其设置为 1，则在延迟域的 4 字节中，2 字节为接收到逐行视频格式的视频和音频的延迟信息，另外 2 字节为接收到隔行扫描视频格式的延迟信息。如果被清除为 0，则只有两字节存在，指明收到视频和音频的延迟信息。如果 Latency_Fields_Present 为 0，则 I_Latency_Fields_Present 将是 0。

Video_Latency：1 位，指在接收到某种视频格式或逐行视频格式时的视频延迟量；如果 I_Latency_Fields_Present 为 1，则这一字段显示逐行视频的延迟；否则指明的是接收到任意视频延迟量；它的值是周期数 (ms)/2+1，最大允许值是 251（即表明是 500 ms 的周期）。如果 Video_Latency 为 0，则表明该域是无效的或延迟未知的；如果 Video_Latency 为 255，则表明没有支持的视频或流。

Audio_Latency：1 位，指在接收到某种视频格式或逐行视频格式时的音频延迟量；如果 I_Latency_Fields_Present flag 为 1，则这一字段显示逐行视频的延迟；否则指明的是接收到任意视频的音频延迟量。它的值是周期数 (ms)/ 2 + 1，最大允许值是 251（表明是 500 ms 的周期）。如果 Audio_Latency 为 0，则表明该域是无效的或延迟未知的；若 Audio_Latency 为 255，则表明没有支持的音频或流。

Interlaced_Video_Latency：1 位，如果 I_Latency_Fields_Present flag 为 1，则该域存在。当接收到隔行视频格式时，该域指明视频延迟量。视频格式在 Video_Latency 中被确定。

Interlaced_Audio_Latency：1 位，如果 I_Latency_Fields_Present flag 为 1，则该域存在。当接收到隔行视频格式时，该域指明音频延迟量。音频格式在 Audio_Latency 中被确定。

8.3.6 音视频信息

在 CEA 数据块集的系列音频描述字中，指明了接收端音频特征和支持特性，这些数据包括接收端支持的音频编码及其相关的参数及支持的通道数；接收端也可指明对 YC_BC_R 像素编码的支持。如果设定这种支持特性，则 CEA 扩展的第 3 字节的 4、5 位均设为 1。除了 640×480p 视频格式，如果接收端需要支持特定的视频格式、视频时序或像素编码，则接收端在 E-EDID 应指明相应的格式内容 640×480p 是可选的，并且所有接收端都要求支持这种视频格式。

为了指明对任意视频格式的支持，一个 HDMI 接收器应包含视频编码、详细时序描述（DTD）字及短视频描述（SVD）字。

8.3.7　数据传输协议

发送端使用 I²C 命令读取来自接收端 E-EDID 的从地址的信息。在增强型 DDC 中，段指针用来处理除 E-EDID 外的限制地址 0×A0/0×A1 的正常 256 字节。在剩余的 DDC 命令之前，增强型 DDC 协议规定了段指针，每个连续段指针允许访问相邻的两个 E-EDID 块（每个块 128 字节）。

1. 增强型 DDC 接收器

每当热探头检测信号被触发时，接收器应能处理 E-EDID 1.3 数据和多达 255 个扩展块，每个块 128 字节（总共达到 32K 字节 E-EDID 的存储器）。增强型 DDC 要求能够读取接收器。

当接通 +5V 电源信号时，引脚应将 E-EDID 信息提供给增强型 DDC 通道。在接通 +5V 电源信号后，在 20ms 之内接收器应该能被使用。

2. 增强型 DDC 发送器

增强型 DDC 发送器应使用增强型 DDC 协议。在 DDC 地址 0×A0 中，发送器必须能读 E-EDID 1.3 数据。使用段指针 0×60，该发送器可以在 DDC 地址 0×A0 中读取除增强型 EDID 外的数据。

8.3.8　热插拔检测信号

当 E-EDID 没有被读取时，一个 HDMI 接收端不能将高电压接在热插拔检测引脚上。即使接收端在断电情况下或在待机状态时，这一条件也应该一直被满足。当发送端的 +5V 电源线被检测时，该热探头检测引脚才可以被使用。在接上第 3 个连接引脚之前，要确保探头检测引脚没有被使用。

发送端可以使用高电压热探头，检测信号开始读取 E-EDID 数据。一个发送端必须承担指定范围内的任何电压，在高电压等级表中指出，接收端已被连接和 E-EDID 是可读的；它不需要说明接收端是否被供电或是否有 HDMI 源端选定的接收器（或正在工作的接收器）。

通过在热探头检测引脚上驱动低压脉冲（这种脉冲必须至少 100ms），一个 HDMI 接收器应明确 E-EDID 的任何内容。

8.3.9　物理地址

为了使 CEC 能够处理特定的物理设备和控制开关，所有设备必须有一个物理地址。将一个新的设备添加到设备群中时，该设备必须是可寻址的。查询物理地址过程只需要使用 DDC/EDID 机制。DDC/EDID 机制不仅适用于具有 CEC 功能的设备，而且适用于所有 HDMI 接收器和中继器。

CEC 总线直接连接到所有节点的网络上。在 CEC 装置查询到自己的物理地址后，将其物理地址和逻辑地址传输给其他所有设备，从而能在任何设备上创建一个网络图，如图 8-18 所示。

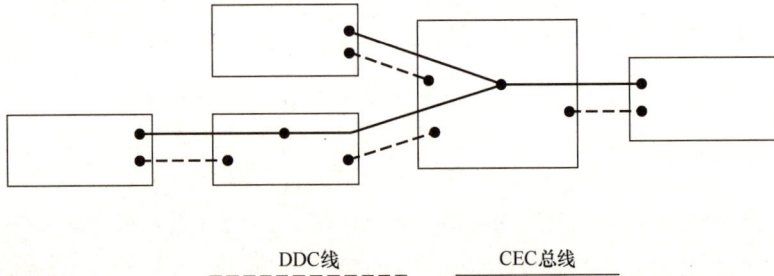

DDC线　　　　　CEC总线

图 8-18　CEC 总线和数据显示通道线连接图

物理地址的每个节点都是通过地址查询过程得到的。这一过程是动态的，因为它会根据设备的要求，在设备结构上自动地添加或删除，自动调整其物理地址。

所有 4 位地址都是 4 位，并且被描述成 *n.n.n.n* 的形式。一个接收器或转发器作为 CEC 的源装置将产生自己的物理地址：0.0.0.0。一个发送器或转发器从 EDID 的连接库中读取其物理地址。CEC 线可连接到一个 HDMI 输入，多个 HDMI 输出，将从 EDID 的 CEC 的连接输出中读取其物理地址。每个接收器和转发器负责生成物理地址，发送器将与其连接的设备端口号添加到自己的物理地址表中，并将该值放在 EDID 的端口。发送器地址字段在 HDMI 供应商指定的数据块上。

在所有的显示设备中，除了电视，这些物理地址都存储在 EDID 的连接库。HDMI 的典型结构群如图 8-19 所示。

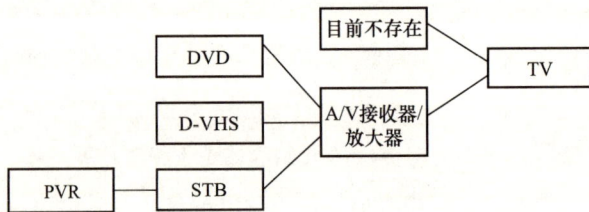

图 8-19　HDMI 的典型结构群

屏显端的 HDMI 接收端将串行解码转换为并行像素数据及关联的同步控制信号，并接入屏显驱动控制模块（芯片）。

【习题 8】

1. 视频传输接口的行、场同步信号的基准时钟是什么?

2. 接口传输的单像素 / 双像素模式的设计主要是基于什么参数考虑的?

3. HDMI 接口高速传输为什么选择 TMDS 信号（从传输信号的电气特征上分析）?

4. 从设备的接口控制上进行描述，HDMI 的设备地址实际上映射到接口控制器的哪些模块的相应单元?

第 9 章　数字平板显示驱动

知识点：

    ◇ 行、场（帧）同步显示的实现

    ◇ VRAM 地址的生成

    ◇ 像素字控制颜色分量的实现

屏显即逐帧再现图像行列位像素点 R、G、B 分量的组合。读取 RGB 字的单元（地址）由像素点行列号确定，由此实现同步显示，如图 9-1 所示。位置 (i,j) 的像素驱动分量从对应的显存单元读取。下面就从显存的设计、平显的驱动来阐述屏显同步的实现过程。

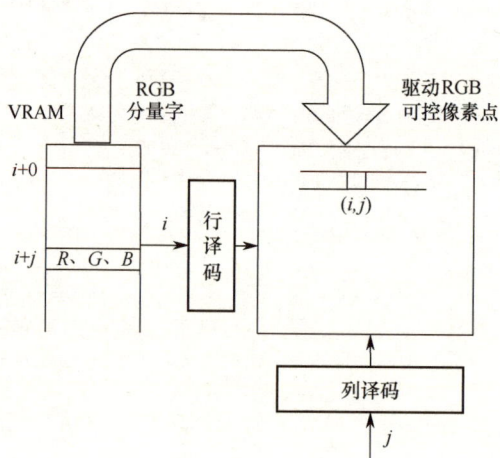

图 9-1　屏显行列同步呈示像素点示意图

行、场（帧）同步定位某帧像素点所对应的屏显坐标（位置），对应于读取 RGB 字的显存地址，读取 RGB 字作为控制对应点颜色的门控开关量。下面以 TFT-LCD 为例具体介绍其驱动过程。

9.1　TFT-LCD 显示原理及构成

TFT（ThinFilm Transistor，薄膜晶体管）-LCD 要解决的是点位上的 R、G、B 透光量可独立控制的问题。

9.1.1 TFT-LCD 显示原理

1. 亮度（光通量）的控制

光是横波，振动方向与（光）传播方向垂直。偏光板的作用是只让沿某一方向振动的光通过，与偏光板垂直振动的光被阻隔掉，利用偏光板的特性，可控制电磁控制偏光（板）角度，从而控制透过 LCD 的光亮度（显示亮度）。调整偏光板控制光亮度示意图如图 9-2 所示。

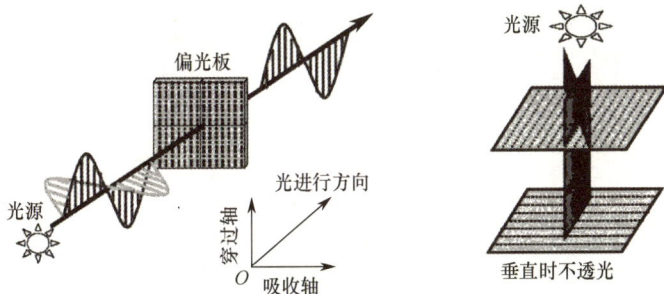

图 9-2　调整偏光板控制光亮度示意图

2. 色彩控制

先通过 LCD 点位上的 R、G、B 彩色滤光块将色彩分量分离，再通过与其点位上关联液晶的轴向控制，调整 R、G、B 透光量，从而达成点位上（像素点）R、G、B 的数字分级控制。TFT-LCD 像素点排列方式如图 9-3 所示。

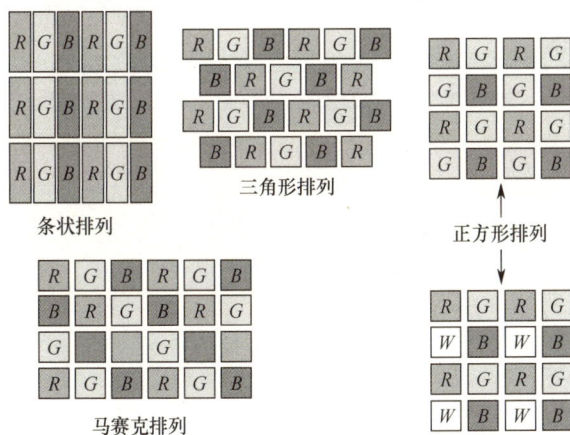

条状排列　三角形排列　正方形排列　马赛克排列

图 9-3　TFT-LCD 像素点排列方式

像素点的 R、G、B 分别关联一个薄膜晶体管（TFT）及对应的液晶分子，通过 R、G、B 分量分别与 MOS 场效应管的漏极相连，从而产生改变液晶分子的力矩；因为液晶分子长短轴的光通过率不同，达到改变 R、G、B 透光量数字化的分级控制，所以透光区域比例调控是通过液晶分子长短轴角度变化实现的，从而达到改变彩色透光量，其示意图如图 9-4 所示。

9.1.2　TFT-LCD 基本结构

TFT-LCD 包括背光源、导光板、偏光板、滤光板、玻璃基板、配向膜、液晶材料、薄膜晶体管等。液晶平板本身不发光，而是通过电视内部的背光灯（Back Light）来照亮的；液晶平板的背光灯是不间断的，使液晶平板无闪烁。

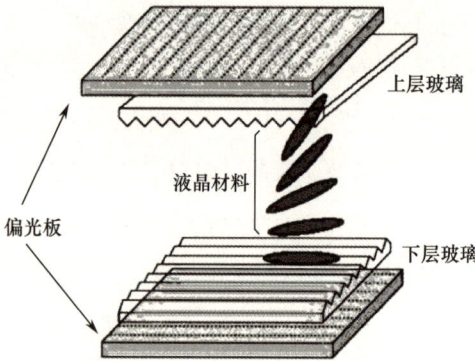

图 9-4　长短轴角度变化改变彩色透光量示意图

利用 CCFL（Cold Cathode Fluorescent Lamp，冷阴极荧光灯管）投射出背光，首先这些光源经过偏光板进入液晶材料，液晶分子的排列方式将改变穿透液晶材料的光线角度；然后这些光线经过彩色滤光膜和另一块偏光板，只要改变刺激液晶材料的电压就可以控制最后出现的光线强度与色彩，在液晶平板上变化出有不同深浅的颜色组合。TFT-LCD 的基本结构图如图 9-5 所示。

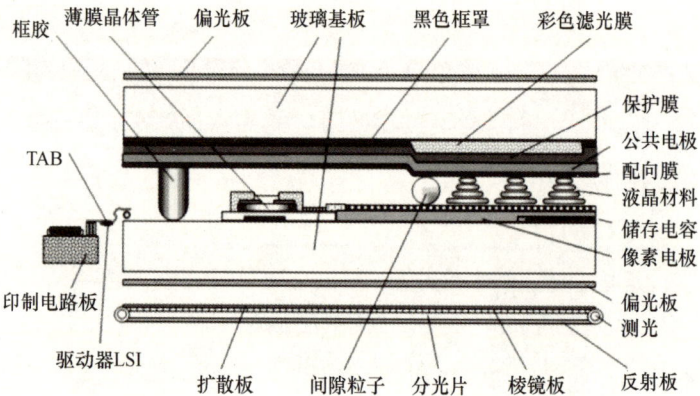

图 9-5　TFT-LCD 的基本结构图

9.2　TFT-LCD 的驱动

9.2.1　行列像素点阵扫描

TFT-LCD 显示器利用 MOS 场效应晶体管作为开关器件，在下层玻璃基板上制作 TFT 矩阵，如图 9-6 所示。

每个像素都配置一个半导体开关器件，可通过点脉冲直接控制，相对独立。在上层玻璃基板上覆盖彩色滤光膜。TFT 及其相连接的液晶像素与上面彩色滤光膜上的滤光单元一一对应。

TFT 位于行扫描电极和信号电极（列）的交叉点处，并与液晶像素串联。同一行中与各像素串联的 MOS 场效应晶体管的栅极（G_i）是连在一起的，与扫描电极相连，即行扫描，相当于水平方向的寻址开关电极。而信号电极将同一列中各 MOS 场效应晶体管的源极（S_j）连在一起，故列电极也是薄膜晶体管的源极，相当于垂直方向激励信号的输入端。MOS 场效应晶体管的漏极与像素电极相连，并通过储存电容接地。上层玻璃基板内表面是连成一片的透明的公共电极。

当在 MOS 场效应晶体管的栅极加入开关信号时，水平方向排列的所有晶体管的栅极均加入开关信号，但由于源极未加入开关信号，因此 MOS 场效应晶体管并不导通。只有当垂直排列的信号线上加入激励信号时，与其相交的 MOS 场效应晶体管才会导通，导通电流对被寻址像素的储存电容充电，电压的大小与输入的、代表图像信号大小的激励电压成正比，电视图像信号通过源极母线依次激励（接通）MOS 场效应晶体管，储存电容依次被充电。储存电容上的信号将保持一帧时间，并通过液晶像素的电阻逐渐放电。与此同时，液晶将出现动态散射，并呈现出与储存电容上的信号电压相对应的图像灰度。

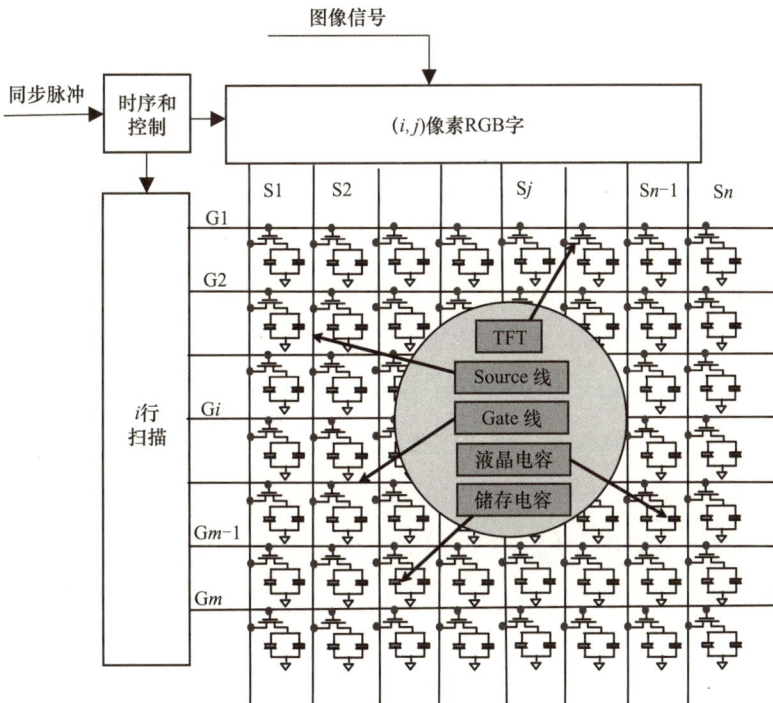

图 9-6　液晶平板驱动原理图

从图 9-6 还可以看出，复合同步信号加入时序电路和控制电路，分别控制扫描电极母线驱动器，逐行接通水平方向排列的 MOS 场效应晶体管的栅极，图像信号通过串行、并行变换器，加入垂直排列的信号电极母线驱动器，只有两个电极（源极、栅极）同时加入电压，MOS 场效应晶体管才导通，并对储存电容充电，同时液晶电容被激发，进而控制液晶的亮度。

9.2.2　TFT-LCD 的驱动电路

LCD 显示器件具有低压、低功耗、体积小、质量轻等优点，已经成为当前嵌入式系统的首选显示器件。

LCD 显示器件通常需要以下信号：控制 LCD 的显示内容和显示方式的数据、时钟、控制信号；提供 LCD 显示屏工作所需电源，包括驱动背光电路所需的电源；控制背光的开启及亮度调节。LCD 驱动电路及接口关系图如图 9-7 所示。

在驱动 LCD 设计的过程中，通过编程方式配置一系列的寄存器，指定帧缓冲区。帧缓冲区的大小由屏幕的分辨率和显示色彩数决定。

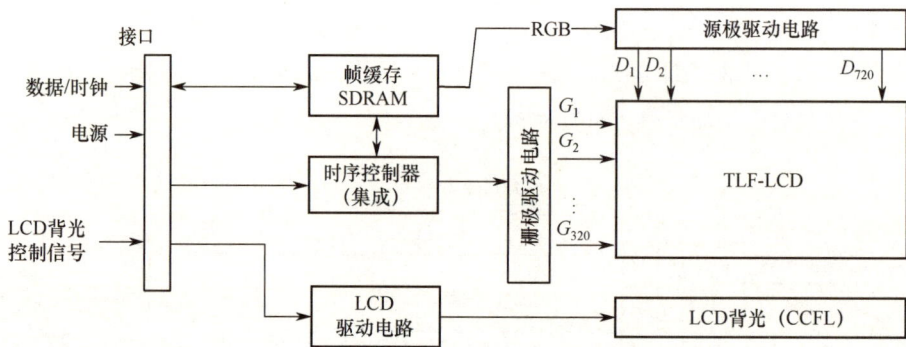

图 9-7　LCD 驱动电路及接口关系图

9.2.3　显示存储器的设计

帧缓冲存储芯片选型主要考虑以下因素：存储容量、存取速率、功耗、芯片价格。可供选用的存储器的种类很多，如动态随机存取存储器（DRAM）、静态随机存取存储器（SRAM）、视频存储器（VRAM）、同步图形存储器（SGRAM）、同步动态存储器（SDRAM）等。由于视频显示系统的 RGBHV 信号频率很高，比电视视频快几倍且没有同步关系，因为常用的计算机内存 DRAM 和 VRAM 的存取速率达不到要求；SRAM 存取速率高，但容量较小且封装体积较大，与 SGRAM 一样价格高昂。因此，针对 LCD 控制器对存储器速度、功耗和价格的要求，选用 CMOS 工艺的 SDRAM 设计帧存储器更合适。

1. 读 / 写速率

显存字读 / 写速率（访问速度）的参考计算为：像素数 × 帧频（一个像素按一个字读 / 写）。

2. VRAM 容量

基本 VRAM 容量的参考计算为：帧像素（点）数 × 像素字长。

3. VRAM 地址的生成

随着扫描信号（行、列计数变化）从左到右、从上到下的变化，显存读取指针（地址）从高到低依次变化。帧缓存地址与显示屏像素位置对应关系如图 9-8 所示。

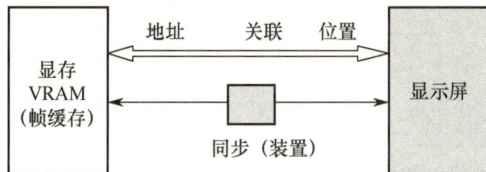

图 9-8　帧缓存地址与显示屏像素位置对应关系

以上为 TFT-LCD 的驱动原理及控制方式。如果要实现像素驱动的点阵控制，则需要提供行、场扫描和 R、G、B 的像素分量驱动机制。

9.3　屏显格式

为了显示屏产品的规范、接口的标准化和产品的兼容，显示屏的分辨率、刷新频率有相应的标准[①]。通用图形及视频标准如表 9-1 所示。

表 9-1　通用图形及视频标准

通用图形及视频	标准	分辨率	刷新频率
图形 (VESA)	VGA	640 × 480	85Hz
	SVGA	800 × 600	56~85Hz
	XGA	1024 × 768	43~85Hz
		1152 × 864	75Hz
		1280 × 768	60Hz
		1280 × 960	85Hz
	WXGA	1366 × 766	60Hz, 72Hz
		1366 × 768	60Hz, 72Hz
	SXGA	1280 × 1024	60~85Hz
	SXGA＋	1440 × 1050	60~85Hz(减少消隐)
	UXGA	1600 × 1200	60Hz
		1600 × 1200	75Hz
	WUXGA	1920 × 1200	60Hz(减少消隐)

---

① Reon_VX_210_DS_rev1.003。

通用图形及视频	标准	分辨率	刷新频率
图形 (VESA)	720p	1280 × 720p	60Hz，72Hz
	1080p	1920 × 1080p	60Hz，72Hz
视频 (ATSC)	SDTV	704/720 × 484i	29.97Hz，30Hz，59.94Hz，60Hz
		704/720 × 480i	
		640 × 480i	
		704/720 × 576i	50Hz，100Hz
		640 × 480p	30Hz，60Hz
		704/720 × 480p	
	720p	1280 × 720p	23.976Hz，24Hz，50Hz，59.94Hz，60Hz，72Hz
	1080i	1920 × 1080i	50Hz，59.94Hz，60Hz

【习题 9】

1. 已知数字平板显示的行、场扫描的信号产生的读取 VRAM 地址信号，读取 RGB 字作为激励驱动 R、G、B 的分量；行、场扫描信号是通过什么机制同步显示屏位置 (i,j) 颜色分量驱动管的？请画出原理图并辅以说明。

2. 以 1920 像素 × 1080 像素的显示屏为例，假定为逐行扫描方式，请设计一种 VRAM 地址结构，以使行、场扫描信号能从 VRAM 中同步读取像素数据。

附录 A 缩略语英汉对照

AAC	Advanced Audio Coding，高级音频编码
AC	Alternating Current，交流
ADC	Analog-to-Digital Converter，模拟 / 数字转换
AMVP	Advanced Motion Vector Prediction，高级运动矢量预测
ANSI	American National Standards Institute，美国标准协会
API	Application Programming Interface，应用程序编程接口
ATSC	Advanced Television Systems Committee，（美国）高级电视系统委员会
AVC	Advanced Video Coding，高级视频编码
AVI	Auxiliary Video Information，辅助视频信息
AVS	Audio Video coding Standard，音视频编码标准
BDM	Block Distortion Measure，块失真度
BTSC	Broadcast Television Systems Committee，广播电视系统委员会
BS	Boundary Strength，边界强度
CABAC	Context Adaptive Binary Arithmetic Coding，基于上下文的自适应二进制算术编码
CAVLC	Context Adaptive Variable Length Coding，基于上下文的自适应变长编码
CCFL	Cold Cathode Fluorescent Lamp，冷阴极荧光灯管
CCIR	International Radio Consultative Committee，国际无线电咨询委员会
CEA	Consumer Electronics Association，消费电子协会
CEC	Consumer Electronics Control，消费电子控制
CIF	Common Intermediate Format，通用图像格式
CRC	Cyclic Redundancy check Code，循环冗余校验码
CSC	Color Space Convert，色彩空间转换
CTS	Cycle Time Stamp，循环时间戳
CTB	Coding Tree Block，树形编码块
CTU	Coding Tree Unit，树形编码单元
CU	Coding Unit，编码单元
DBF	DeBlocking Filter，去块效应滤波器
DC	Direct Current，直流
DCT	Discrete Cosine Transform，离散余弦变换
DDC	Display Data Channel，显示数据通道
DDWG	Digital Display Working Group，数字显示工作组
DLL	Dynamic Link Library，动态链接库
DPC	Digital Panel Controller，数字平板显示控制器
DPCM	Differential Pulse Code Modulation，差分脉冲编码模块
DST	Discrete Sine Transform，离散正弦变换
DTD	Detailed Timing Descriptor，详细时序描述

DTV	Digital Television，数字电视
DVD	Digital Versatile Disc，数字通用光盘
DVI	Digital Visual Interface，数字视频接口
DWT	Discrete Wavelet Transform，离散小波变换
EAV	End of Active Video，有效视频结束
EBU	European Broadcasting Union，欧洲广播联盟
ECC	Error Correction Code，纠错码
E-DDC	Enhanced Display Data Channel，增强显示数据通道
EDID	Extended Display Identification Data，扩展显示器识别数据
E-EDID	Enhanced Extended Display Identification Data，增强扩展显示器识别数据
EGC	Exp-Golomb Coding，哥伦布编码
EIA	Electronic Industries Alliance，电子工业联盟
FPD	Flat Panel Display，平板显示器
HDCP	High-bandwidth Digital Content Protection，高带宽数字内容保护
HDMI	High-Definition Multimedia Interface，高清晰度多媒体接口
HDTV	High Definition Television，高清晰度电视
HEVC	High Efficiency Video Coding，高效视频编码
HPD	Hot Plug Detect，热插拔检测
IEEE	Institute of Electrical and Electronics Engineers，电气与电子工程师学会
IEC	International Electrotechnical Commission，国际电工委员会
ISO	International Organization for Standardization，国际标准化组织
ITU-T	International Telecommunication Union-Telecommunication，国际电信联盟
JPEG	Joint Photographic Experts Group，联合图像专家组
JVT	Joint Video Team，联合视频组
KLT	Karhunen-Loeve Transform，KL 变换
KROCC	Kendall Rank-Order Correlation Coefficient，肯德尔等级相关系数
LCD	Liquid Crystal Display，液晶显示屏
L-PCM	Linear Pulse-Code Modulation，线性脉冲编码调制
LSB	Least Significant Bit，最低有效位
LVDS	Low-Voltage Differential Signaling，低电压差分信号
MAD	Mean Absolute Difference，平均绝对差值
MMSE	Minimum Mean Square Error，最小均方误差准则
MPEG	Moving Picture Experts Group，运动图像专家组
MSB	Most Significant Bit，最高有效位
MSE	Mean Square Error，均方误差
N.C.	No Connect，无连接
NIM	Network Interface Module，网络接口模块
NRZ	Non-Return-to-Zero Code，不归零码
NRZI	Non-Return-to-Zero Inverted Code，非归零反转编码

NTSC	National Television System Committee，国家电视系统委员会
PAL	Phase Alternation Line，逐行倒相
PAP	Picture And Picture，图片和图片
PCB	Printed Circuit Board，印制电路板
PCM	Pulse-code Modulation，脉冲编码调制
PIP	Picture In Picture，画中画
PLCC	Pearson Linear Correlation Coefficient，皮尔逊线性相关系数
PSNR	Peak Signal-to-Noise Ratio，峰值信噪比
PU	Prediction Unit，预测单元
QP	Quantization Parameter，量化参数
RDOQ	Rate Distortion Optimized Quantization，率失真优化量化
RLE	Run-Length Encoding，游程编码
RQT	Residual Quadtree Transform，残差四叉树变换
Rx	Receiver，接收端
RMSE	Root Mean Squared Error，均方根误差
SAD	Sum of Absolute Differences，绝对误差和
SAO	Sample Adaptive Offset，样本自适应偏移
SAV	Start of Active Video，有效视频开始
SDK	Software Development Kit，软件开发工具包
SDL	Simple DirectMedia Layer，开放源代码的跨平台多媒体开发库
SDTV	Standard Definition Television，标清电视
SECAM	Séquentiel couleur à mémoire（法语），顺序传送彩色与存储
SMPTE	Society of Motion Picture & Television Engineers，电影电视工程师学会
S/PDIF	Sony/Philips Digital Interface，索尼 / 飞利浦数字接口
SROCC	Spearman Rank-Order Correlation Coefficient，斯皮尔曼等级相关系数
SSE	Sum of Squared Errors，误差平方和
SSIM	Structural Similarity Index Measure，结构相似性指数
STB	Set-Top Box，机顶盒
SVD	Short Video Descriptor，短视频描述
TERC4	TMDS Error Reduction Coding - 4 bit，4 位 TMDS 信号的压缩编码
TFT	Thin-Film Transistor，薄膜晶体管
TMDS	Transition Minimized Differential Signaling，转换最小化差分信号
TS	Transport Stream，传输流
TU	Transform Unit，变换单元
Tx	Transmitter，发送端
VBI	Vertical Blank Interval，垂直消隐期
VCEG	Video Coding Experts Group，视频编码专家组
VESA	Video Electronics Standards Association，视频电子标准协会
VLC	Variable Length Coding，变长编码
VSDB	Vendor-Specific Data Block，描述特定厂商（信息和功能）模块